ポリアによる問題解決 4 つのステップの実践

第 1 のステップ 「問題を理解すること」

問題が何であるのか（問題の定義）、何が原因になっているのか（原因の特定）を分析する。そこで考えられる原因はすべて列挙する。

第 2 のステップ 「計画をたてること」

問題の原因について、それぞれ「可能性のある解決策を列挙」して、「ベストの解決を選択する」作業を行う。解決方法には、一時的解決と永久的解決があることに留意する。

第 3 のステップ 「計画を実行すること」

計画を着実に実行に移す。「勤勉は成功の母」、「思う念力岩をも通す」という諺を信じて、弱気にならずに努力する。

第 4 のステップ 「ふり返ってみること」

解決策を実行後、問題が解決したかどうかの評価を行う。問題が解決した場合は、これで終了となる。未解決の部分が残った場合、原因の特定が正しかったのか、解決策に不備がなかったのか、などを見直す。そして再び第 2 のステップに戻り、別の解決策を考え[illegible]そ の後また評価し（第 4 の[illegible]れを続ける。

いかにして問題をとくか 実践活用編

●▲■

芳沢光雄

丸善出版

・まえがき・

G. ポリア（1887−1985）はハンガリーの首都ブタペスト生まれの数学者で、チューリッヒ工科大学教授、スタンフォード大学教授などとして教鞭をとられた。専門の数学は組合せ論、整数論、確率論で、晩年は数学教育にも力を注がれた。2011年の夏にNHKテレビでも紹介され再び注目されるようになった『いかにして問題をとくか』（丸善出版）の初版発行は1954年で、原著『How to Solve It』が出版されたのは1945年のことである。原著は1988年の段階で既に世界の17カ国語に翻訳され、半世紀を超える世界的なベストセラーである。

『いかにして問題をとくか』では、数学の問題解決に留まらず、あらゆる分野の問題を解決するための一般化した発見的教授法（heuristics）をまとめて述べている。ところが、一般化した表現であること、やや古い文体で直訳的な翻訳の箇所もあることなどから、速読するには無理がある。テレビで紹介されてから、世界的なIT企業が社員教育に用いている事実も伝わって一層注目された反面、「日常の生活やビジネスとはどのように結びつくのか」、「この本を読んで大学入試センター試験の数学マークシート問題が解けるようになるのか」といった疑問の声も聞かれるようになった。上記の理由を踏まえれば、そのような率直な意見には無理からぬ面もあるだろう。

1990年代半ばに私は、それまでの組合せ論や整数論に近い群論の研究から数学教育に軸足を移した。その背景には日本で、誤った数学不要論が高まったことや、「ゆとり教育」によって数学教育が形骸化されたこともある。当初より、「やり方を丸暗記して反射的に答えを当てるだけの数学の学習は問題である」、「数学の問題は証明問題の文章を書くように、一から論述して書くことが大切」、「数学の発想は日常の生活やビジネスに広く応用される」ということを、具体的な題材を交えて新聞・雑誌・著書などで一貫して訴え続けてきた。その立場の延長として、「(ポリアの) 発見的教授法の内容は難しい面もあるが大切である」と複数の著書で強調して述べてきた。

そのような信念をもって数学教育活動を展開してきたので、『いかにして問題をとくか』がテレビで取り上げられたことは、ポリアとの共通点を少なからず感じていた私にとって大いに歓迎すべきことであった。しかし同時に、日常の生活やビジネスとの関係、あるいは数学マークシート問題の解法テクニックとの関係についても説明する必要性を痛感したのであった。それらの関係を解きほぐす目的の書を世に出し、ポリアの発見的教授法の世界への橋渡しをする意義は大きいと考えた。

不思議なもので、正にテレパシーでも伝わったかのように2011年の夏休みの終わり頃、丸善出版から上記の考え方に沿った書の執筆を依頼されたのである。感激したと同時に、解決しなくてはならない二つの問題が浮上した。一つは執筆開始の時期であり、もう一つは扱う数学のレベルである。

前者に関しては、2010年に出版した著書『新体系·高校数学の教科書(上·下)』(講談社ブルーバックス) に続く『新体系·中学数学の教科書(上·下)』を執筆中で、直ぐには取り掛かれない事情があった。後者に関しては、高校数学以上のレベルにある数学も用いることによって、ポリアの発見的教授法の世界を紹介する相当面白い書が完成すると思ったことである。

執筆開始時期に関してはしばらく待っていただくこととし、高校数学以上のレベルにある数学を用いる発見的教授法の紹介は、後の機会に回すこととして企画がまとまった。そのような背景から本書の数学としての予備知識は「算数$+\alpha$」となったが、今から振り返ってみると、それによって本書が「誰にでも読める書」になったのではないかと思っている。さらに、ものの個数を数える組合せや整数の発想、あるいは簡単な確率の題材をそのぶん積極的に多く用いることになった。考えてみると、これはポリアと私を結ぶ数学としての要点でもある。

各章の内容であるが、序章は『いかにして問題をとくか』の表紙裏（見返し）に印刷された「第1に問題を理解すること」、「第2に計画をたてること」、「第3に計画を実行すること」、「第4にふり返ってみること」が、欧米ではビジネスマンの人材能力の育成で活用されていることを参考にして述べている。1章から13章は、『いかにして問題をとくか』の第Ⅲ部「発見学の小事典」にある項目から、「これさえ理解すれば困ることはない」と考えられる必須事項に限定して、日常の生活やビジネスとの「橋渡し役」になるように述べている。

本書を一読された暁には、G. ポリアの発見的教授法の世界へ困惑することなく入っていくことができるものと確信する次第である。

2012年4月

芳沢光雄

■目　次■

いかにして
問題をとくか
実践活用編

序

ポリアの問題解決4つのステップ

第１に	問題を理解すること
第２に	計画をたてること
第３に	計画を実行すること
第４に	ふり返ってみること

ポリアの著書『いかにして問題をとくか』(柿内賢信訳)の表紙裏(見返し)にある見開きページの左側に上記の言葉が書かれている。これは数学の問題を解く上で大切なステップであると同時に、広く一般社会の問題解決にも応用できる。その見開きページの右側には、数学の問題を含む諸問題を解決するとき参考にしたい詳しい「リスト」が載せられている。本章では一般社会、とくにビジネスの問題を解決するとき参考になると考える第1から第4までの各ステップの全般的な流れについて、数学の問題とは若干切り離して考えてみたい。

それは、確率論が確立したのは17世紀で、それに人間の意志が加わったゲーム理論が確立したのは20世紀であるように、数学の発展や問題解決には時間的な流れをあまり気にしない面がある。しかしながら現実の問題解決というものは、当然のように時間的な流れに追われる。そのような背景から序章のみは、1章以降の扱いとは趣が異なることをご理解願いたい。

欧米では、第1から第4までの各ステップの問題解決の手法が、ビジネスマンの人材能力の育成などのセミナーやワークショップなどでも導入され、実際にどうやって個々が直面する問題解決に役立てるのかを体験するシステムがあるが、日本ではあまり一般には知られていないように思う。

日本では問題解決というと、個々の人間がそれぞれ考えて解決策を見つけて実行するぐらいしか浮かばないようである問題に際して、ポリアが示した4つのステップに沿って行うと、システマティックに問題解決に至ることができ、問題解決に費やすエネルギーと時間を無駄にしなくて済むと考える。

第1のステップ　「問題を理解すること」

問題解決（Problem Solving）の第1のプロセスは、問題が何であるのか（問題の定義）、何が原因になっているのか（原因の特定）を詳しく分析する（Problem Analysis）作業で、この作業が不可欠であり最も重要になる。わかりやすい例で述べると、医師の病気診断が挙げられる。

1人の患者が来て「熱が出てだるいのです」と言ったとする。このケースの場合、問題の定義は「熱が出て体調不良である」になる。そして症状、つまり表に現れた現象としては、「発熱」がある。その発熱の原因は、「インフルエンザウイルスに感染」、「単なる風邪」、「身体が冷えた」などが考えられる。ここで注意すべきことは、原因は必ずしも１つというわけではなく、いくつかの原因が重なって起きる場合もあるので、そこで考えられる原因をすべて列挙しておく必要がある。

とかく日本の数学教育では、１変数の関数を徹底して教育していることもあって、大学の数学で多変数の関数や多変量解析の主成分分析を学ぶ頃になって、初めて「いままで物事の原因を１つにしたがっていた自分の発想は反省したい」となるケースが少なくない。それはともかくとして、考えられる原因をすべて列挙する作業がとくに重要で、この段階で見逃してしまう事柄があると、間違った解決策を考えてそれを実行し、問題解決に至らないという事態が起こることになる。

第２のステップ　「計画をたてること」

ここでは、第１のステップで考えた問題の原因について、それぞれ「可能性のある解決策を列挙」して、「ベストの解決を選択する」作業を行う。このときに、解決方法には、一時的解決（Temporary Solution）と永久的解決（Permanent Solution）があることを頭の片隅に置いておくとよい。これを病気の治療でたとえると、一時的解決は応急処置、永久的解決は根本的な治療に当たる。

１回で解決できない場合は、段階的にいくつかの解決方法を実行していく必要がある。まさしく病気の治療計画と同じである。これらの中から、現状にあったベストの解決方法を考えるというのが、この第２のステップで最も重要なポイントになる。

4

これのビジネスへの応用例として、次のような事例を挙げよう。

（問題）　ある部署で残業が非常に多い。

（問題分析）

①仕事の効率が悪いのか	Yes / No
②人員の配置が悪いのか	Yes / No
③一時的に仕事の量が多すぎるのか	Yes / No
④慢性的に仕事の量が多すぎるのか	Yes / No

（解決方法）の候補

①のケース	仕事のやり方を見直して作業効率を上げる。
②のケース	効率の悪い人を配置換えにする。
③のケース	他の部署から応援をよこしてもらう。 一部の仕事を他の部署にやってもらう。 一時的に人を雇ってもらう。
④のケース	その部署の人員を増やしてもらう。

上記の例の解決策は完璧ではないかも知れないが、「こういう風に解決に至る道筋を見つけられますよ」という紹介なので、ご理解願いたい。それぞれの会社や部署の予算、マンパワー、時間的制約などの個々の状況に合わせて、それらの解決策を組み合わせて、「いつ（When）、どこで（Where）、誰

が（Who）、何を（What）、なぜ（Why）、どのように（How）」実行するかの計画を立てるのがよい。

第２のステップで強調したいのが、第１のステップで強調した原因の個数と同じで、解決策も１つではないということである。とかく日本人は、原因を１つに求めたがる傾向ばかりか、解決策も１つに求めたがる傾向があるようで、柔軟に物事を考えることが大切である。

第３のステップ　「計画を実行すること」

立案した計画を着実に実行に移す。ここで是非留意してもらいたいことがある。それは『いかにして問題をとくか』の第Ⅲ部「発見学の小事典」の一項目「格言の知恵」にある、「勤勉は成功の母」と「思う念力岩をも通す」である。だらだら仕事をしていたり、「失敗するかもするかも知れない」と弱気に思って仕事をしていたりすると、新たな問題が発生して成功するはずの計画も失敗に終わってしまうこともある。

第４のステップ　「ふり返ってみること」

第４のステップもとくに重要で、解決策を実行後、本当に問題が解決したかどうかの評価（Review）を行うことである。問題が完全に解決された場合、問題解決はこれで終了となる。もし未解決の部分が残った場合、それを 100 %の解決にするために、再び第２のステップに戻らなければならない。戻る前に、なぜ未解決の部分が残ったかについて、原因の特定が正しかったのか、解決策に不備がなかったのか、などを見直す。そして、別の解決策を考え（第2のステップ）、実行し（第3のステップ）、その後また評価し（第4のステップ）、問題が解決するまでそれを続ける。この一連の作業を行えば、解決が不可能な問題でない限り、必ず問題は解決の方向に向かうはずである。

わかりやすい例は医師の病気の診断で、「まずはこのお薬を飲んでみて下さい。それでも症状に改善が見られなければ、違うお薬を出してみましょう」とよくいうセリフが、この問題解決の「第4のステップ」から「第2のステップ」に戻るサイクルに相当する。

記述式試験で育ってきた世代と、答えを当てればよいマークシート式試験中心で育ってきた世代を比べてみると、「ふり返ってみること」すなわち見直すことに大きな違いを感じる。後者の世代の人たちには、答えが合っているか否かを自分で確かめることなく、直ぐに他人に尋ねる傾向が顕著である。そして発表や伝達の場で、重要な数値の桁が大きくずれていても不思議にならない面も多々見受けられる。それだけに、今後は第4のステップの重要性が益々高まっていくと考える。

最後に本章で補足しておきたいことが2点ある。1つは複数の問題を抱えたときの「優先順位のつけ方」で、もう1つは大きな組織で問題を解決するときの「縦割りの調整」である。

同時に複数の問題を抱えているとき、私たちは何を最初に解決しなければならないかの選択を迫られることが度々ある。「優先順位のつけ方」は問題解決に大きな影響を与えるのであり、そもそも 1 日 24 時間しかないし、24 時間続けて働くわけにはいかない。その時間配分をどのようにうまくやるかによって、達成（Achievement）が違ってくるのである。効率的に物事を処理していくためには、たくさんある“やるべきこと”に優先順位を付けなければならない。優先順位をつけるために考慮するべきことは、“緊急性”と“重要性”である。

優先順位は図 1 に示したように、緊急性と重要性がある I がトップに来て、ついでⅡ、Ⅲ、Ⅳの順になり、問題解決もこの順番で行う必要がある。

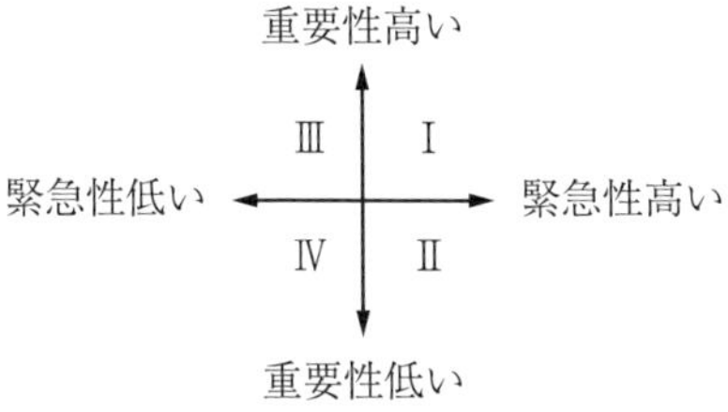

図 1

言うまでもなく私たちは、子どもの頃から次の日提出しなければならない宿題を先にやるように言われて、締め切りが近い仕事を優先的に行わなければならないことを知っている。限られた時間の中で、緊急性のない重要度の低いことを先にやって、あとになって「しまった、もっと大事で先にやることがあった」と慌てても、時間が戻ってくることはない。

各種の試験もそうであるが、1 つの問題に長時間取り組んで、気がついたら他の問題をやる時間がなくなってしまって、解ける問題があったのにできないで悪い結果になってしまったという経験もあるだろう。つまり限られた時間内でのペース配分が必要であり、優先順位を付けなければならない。

時間が限られている場合、ものごとは万事、緊急性・重要性を考えながら上記のように優先順位を付けて、それにしたがって着実に処理していたいものである。

日本の行政で古くから問題を指摘されていることに「縦割りの弊害」がある。これは何も行政に限ったことではなく、患者が病院の診療科目で迷ったり、巨大企業で部署ごとの伝達事項に誤解があったり、等々のさまざまな問題点がしばしば指摘されている。『いかにして問題をとくか』の第Ⅲ部「発見学の小事典」の一項目に「分解と結合」があるが、その視点を参考にして考えてみよう。

一般に日本の大きな組織は、全体を小さな組織に分解して、それぞれが担当する業務に精を出すまでは素晴らしいものがある。しかしながら最後に、個々の小さな組織の成果を結合してまとめる段階で、全体を見渡して「ふり返ってみること」のチェックがあまり機能しない場合が少なくない。その結果として、「縦割りの弊害」としての諸問題が表面化して、何かと注目される事態にもなり兼ねないのである。大所高所からの視点で判断できる人材を、広い権限をもつ地位（Position）に据えることが大切だと考える。

「ポリアの問題解決４つのステップ」が広く日本社会に根づいて、数学の重要性にも目が向けられることを願う次第である。

1

帰納的な発想を用いる

帰納とは観察や特殊な事例の組合せから一般的な法則を発見する手続きである。それはあらゆる科学において用いられ、数学においてさえ極めて有効である。

（『いかにして問題をとくか』130 ページ）

ときどき世界記録が塗り替えられているドミノ倒しの記録達成の瞬間をテレビなどで見ると、それに懸ける人たちの夢が伝わり楽しいものである。世界記録での牌（パイ）は数百万個を超えるが、まだドミノ倒しを知らない子どもたちにそれを教えるとき、図1の（ア）の状況で説明するか（イ）の状況で説明するかは根本的に異なる。

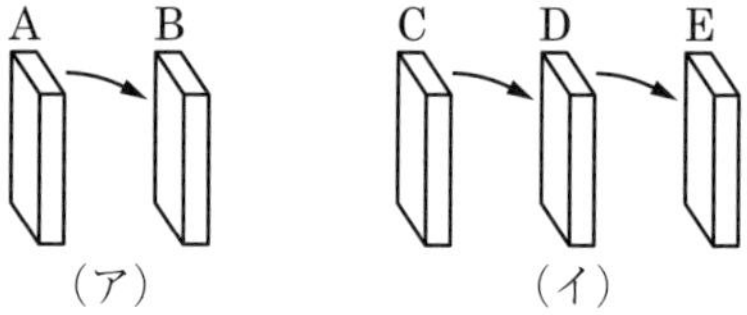

図1

（ア）では、倒すAと倒されるBの関係だけである。しかし（イ）では、倒すCと倒されるEはそれぞれA、Bと同じであるが、Dは違う。DはCによって倒されると同時にEを倒しているので、「倒されると同時に倒す」働きをする牌である。そのような牌の存在を強調して説明することが、ドミノ倒し現象を教える核心である。したがって、3個の牌がある（イ）の状況で教えることが大切なのである。

ドミノ倒しと似ている現象で少し複雑なものに、理科の実験で用いる衝突振り子がある。球形の同じオモリを等しい長さのひもで天井から並べて吊るすとき、図2で（ア）だけを観察しても（ウ）は想像し難いだろう。しかしながら（イ）を観察すると、（ウ）を想像することは難しくないはずである。

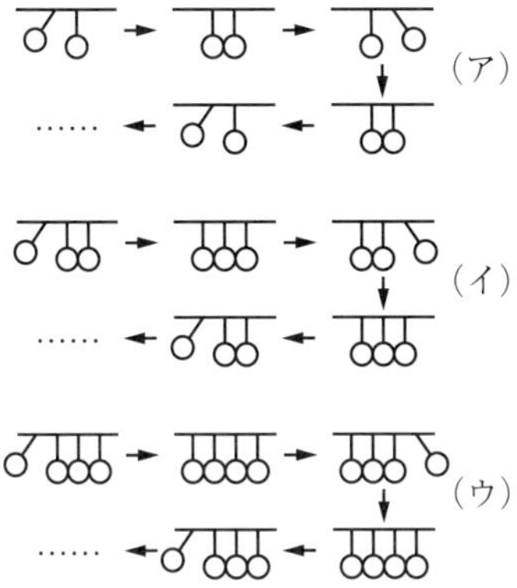

図 2

図 1、2 の観察から、自然数 1, 2, 3, 4, …に対して成り立つ性質 $P(1), P(2), P(3), P(4)$, …があるとき、性質 $P(n)$ が一般の自然数 n について成り立つことを理解する上で、$n = 1, 2$ では不十分で、3 番目の $n = 3$ がとくに大切なことがわかる。それは、一般の自然数 n について成り立つ性質 $P(n)$ を発見するとき、$n = 1, 2$ だけ気づいても、n を一般の自然数まで拡張できる認識をもつことは必ずしも容易でないが、$n = 1, 2, 3$ まで気づくとその認識は意外と簡単にもつことが可能であることを示している。次に、それを理解できる例を 4 つ挙げよう。

一つは、すべての自然数（正の整数）△について成り立つ公式

$$1 + 2 + 3 + \cdots + \triangle = \triangle \times (\triangle + 1) \div 2 \quad \cdots\cdots \ (*)$$

である。図 3（ア）、（イ）の白玉の個数を数えるとき、白玉と黒玉の合計数を 2 で割って求める方法により、それぞれ

$$1 + 2 = 2 \times 3 \div 2 \quad \cdots\cdots①$$

$$1 + 2 + 3 = 3 \times 4 \div 2 \quad \cdots\cdots②$$

を得る。

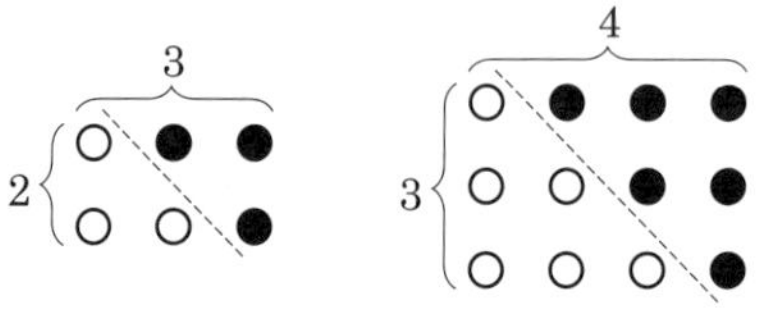

（ア）　（イ）

図 3

実際に子どもたちを対象に何回か実験したことがあるが、（ア）から（＊）を連想することは難しいものの、（イ）から（＊）を連想することは容易である。正確には、あるグループでは（ア）を用いて①式を説明し、

$$1 + 2 + 3 + \cdots + 10 = 10 \times 11 \div 2 = 55 \quad \cdots\cdots③$$

ができるか否かを尋ね、別のグループでは（イ）を用いて②式を説明し、③式ができるか否かを再び尋ねることによって、わかったことである。

ちなみに図 4 のワイングラスのピラミッドは、$n = 5$ としての公式（＊）の例である。

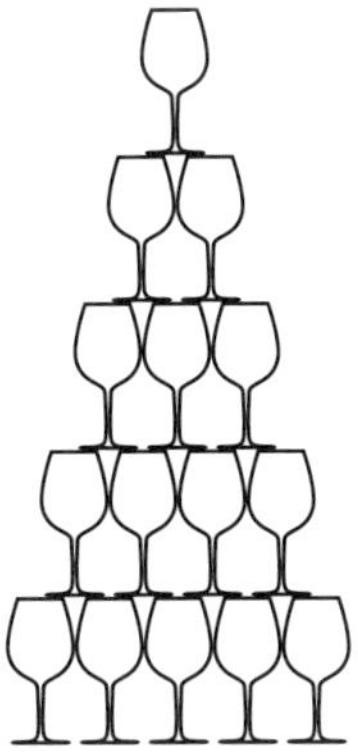

図 4

一つは、ほとんどの家庭にあるボックスティッシュである。ティッシュが残り 3 枚、2 枚、1 枚となったボックスティッシュの断面図を図 5 によって示す。

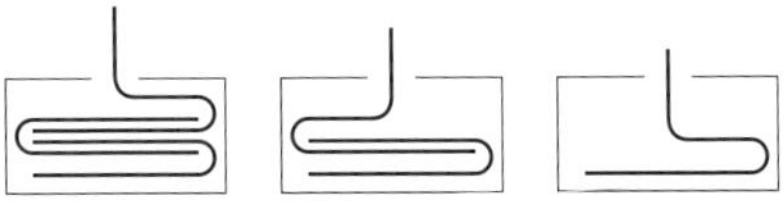

（ア）　（イ）　（ウ）

図 5

（ア）、（イ）、（ウ）の順にティッシュが 1 枚ずつ取り出されていく状態を見ることによって、ボックスティッシュの構造を理解できるだろう。（イ）では引っ張るティッシュと引っ張られるティッシュの関係だけであるが、（ア）では引っ張られるティッシュが次のティッシュを引っ張る両方の作用をもつティッシュがあり、その存在が重要である。実はこのようなボックスティッシュはポップアップ方式と呼ばれ、シカゴの発明家アンドリュー･オルセンが1921年に考案したもので、（ア）

を気づいたことが歴史的な発明につながったのであろう。

一つは、図 6 のような縦書き掛け算の仕組みである。

```
   76            493
 × 49          × 738
 ----          -----
  684           3944
 304           1479
 ----         3451
 3724         ------
              363834

 (ア)           (イ)
```

図 6

（ア）では最初に 6 × 9 = 54 を行い、その十の位の 5 を、次に行う 7 × 9 = 63 に加える。ここでは「5 を渡すこと」と「5 をもらって加えること」は、それぞれ図 1 のドミノ倒しで「倒す A」と「倒される B」に相当している。ところが（イ）では、最初に 3 × 8 = 24 を行い、その十の位の 2 を、次に行う 9 × 8 = 72 に加えて 74 となり、さらにその百の位の 7 を、次に行う 4 × 8 = 32 に加える。要するに、9 × 8 のところでは、「2 をもらって加えること」と、「7 を渡すこと」の 2 つの作業を行っていて、それは図 1 のドミノ倒しで「倒されると同時に倒す D」に相当している。

もちろん、4 桁同士の掛け算になっても（イ）と根本的に異なる作業が増えることはない。したがって、掛け算の仕組みを理解させるためには 3 桁同士の掛け算の理解が重要なのである。2000 年代前半の日本の「ゆとり教育」では、「2 桁同士の掛け算ができれば、3 桁同士の掛け算などもできる」という無責任な考え方によって小学校の算数では、諸外国や過去の日本の教育に例を見ない2桁同士の掛け算の教育だけで、掛け算の教育を終わらせてしまった。私は逸早くその誤りを2000年5月5日の朝日新聞「論壇」などで指摘した。当初はほとんど相手にされなかったが、2006年7月に国立教育政策研究所が「特定の課題に関する調査（算数・数学）」で小学4年生と5年生の掛け算について、2桁×2桁では正答率が8割を超えていたものの、3桁×2桁ではいずれも正答率が5割台に急落したことを発表した。それを受けて、算数教科書に関する文部科学省委嘱事業の委員にも任命された私の意見なども参考になったようで、2010年代の前半の算数教科書の改訂では、まず3桁×2桁の掛け算が復活することに至ったのである。

一つは、多くの女性の関心が高い n 連リングという指輪である。具体的に、高級ブランドで有名になった「3連リング」は図7（ア）のようになっている。同じゴールドでも、3つのリングは微妙に異なった色をしている。そして×印のところから指を通してはめると、（イ）のように指の一方の側の部分に注目すれば3色のどのような順番の列も表現できるのであり、それが人気商品となった要因であろう。

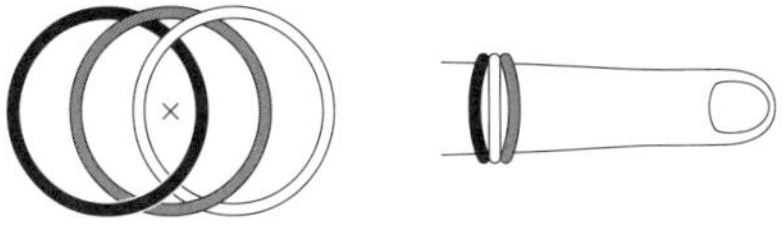

（ア）　（イ）

図7

ここで大切なことは、図8の（ア）で示した$n = 2$の2連リングは誰でも思いつくものである。しかしながら、それをよく見たからといって図7の（ア）はなかなか思いつくものではない。一方、図7の(ア)を思いついた人にとって、図8の(イ)で示した$n = 4$の4連リングを思いつくことは難しくないはずである。実際、3連リングばかりでなく5連リングもあり、また7連のバングルもある。

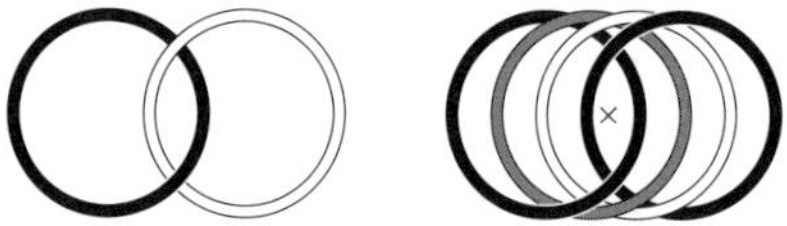

（ア）　　　　（イ）

図8

さて、一般の自然数nについて成り立つ性質P（n）を、$n = 1$、2、3までの成立を気づくなどして発見したとき、ビジネスなどの日常社会ではそれを取り入れた活動が始まるだろう。しかしながら数学としては、性質$P(n)$がすべての自然数nについて成り立つことを証明する必要がある。そこで登場するのが数学的帰納法や漸化式というものであるが、「まえがき」で述べたように本書では、高校数学の内容には深入りしない。

最後に、日常の生活やビジネスの課題では、帰納法的に成り立つようにもっていく努力が大切な面もあることを注意したい。たとえば、体力維持のために毎日、縄跳びを行うとする。いきなり毎日300回行うのは厳しいと感じる人も少なくない。しかしながら、初日は1回、2日目は2回、3日目は3回、…

というように、毎日1回ずつ増やしていくことは難しくない。300日目の縄跳びが終わった段階で、初日からのべ

$$300 \times (300 + 1) \div 2 = 45150 \text{（回）}$$

行ったことになる（(＊) を参照)。この45150回の積み重ねが体力的にも精神的にもものをいうことになり、以後、続けられることにつながるだろう。

会員制のスポーツクラブなどでは、よくお友だち紹介キャンペーンを既存の会員を対象に行う。これは、新規の会員を紹介してもらうと何らかの特典をプレゼントするものであるが、発想としては「1人の会員が新規会員を入会させ、その新規会員が別の新規会員を入会させ、その新規会員がまた別の新規会員を入会させ、…」というように、帰納法的に新規会員を増やしていく発想である。

この帰納法的に新規会員を増やしていく発想は、もちろんスポーツクラブだけでなく、たとえば少子化で経営が厳しくなってきた定員割れの大学で、在校生を対象に新入生の勧誘などでも考えられる。もっとも、詐欺的な利殖法である「ねずみ講」のような犯罪につながるものは問題である。

帰納法的に成り立つ興味ある現象を探す努力ばかりでなく、何らかの前向きな目的を帰納法的に成り立たせるために必要なアイデアが、いま求められているのだろう。

2

定義に帰る

定義にかえることにより術語をなくすことができるが、その代りに新しい要素と新しい関係を導入することになる。　(『いかにして問題をとくか』204ページ)

▲

各国にはそれぞれの法体系があり、それを守ることによって人々の社会生活は円滑に営まれている。たとえば建物に関しても建築基準法があるように、それは細部にわたって定められている。そして国民は法律という定義に帰って、各自の行動の決定を常日頃から行っているのである。

政治に目を向けると選挙制度が基本にあり、小選挙区ならば1人、中選挙区ならば上位の数人が選ばれる。ここで、広く行われている比例選挙のドント方式を考えてみよう。たとえば立候補政党はA、B、C、Dの4党で、得票数はそれぞれ順に21000、12000、11100、7800とする。この選挙の当選者数は11人とすると、表1の中で大きい方から11個の数字を選ぶことになる。

表1

	A	B	C	D
得票数 ÷ 1	21000	12000	11100	7800
得票数 ÷ 2	10500	6000	5550	3900
得票数 ÷ 3	7000	4000	3700	2600
得票数 ÷ 4	5250	3000	2775	1950
得票数 ÷ 5	4200	2400	2220	1560
得票数 ÷ 6	3500	2000	1850	1300

太い線で囲まれた11個の数字がその対象となり、Aの下に5個、Bの下に3個、Cの下に2個、Dの下に1個あるので、A、B、C、Dの当選者数はそれぞれ5人、3人、2人、1人となる。

もし選挙の直前にCとDが合併してEという新政党をつくって選挙を行い、Eの得票数はC、Dそれぞれの合計であるとすれば、選挙結果はどのようになるかを考えてみよう。

表2

	A	B	E
得票数 ÷ 1	21000	12000	18900
得票数 ÷ 2	10500	6000	9450
得票数 ÷ 3	7000	4000	6300
得票数 ÷ 4	5250	3000	4725
得票数 ÷ 5	4200	2400	3780
得票数 ÷ 6	3500	2000	3150

表2で大きい方から11個の数字を選ぶことにより、A、B、Eの当選者数はそれぞれ5人、2人、4人となる。これは、CとDの合併効果としてプラス1人があることを示している。私は著書『新体系・高校数学の教科書(上)』(講談社ブルーバックス）に、一般にドント方式について、合併によるプラス効果はあってもマイナス効果はないことの証明を書いたが、比例選挙を見る目についても定義に帰って考えることの意義を訴えているのである。

次に、日本の経済指標を現す日経平均株価と東証株価指数

TOPIX を考えてみよう。前者は株数を一切考慮しない単純平均であり、後者は発行株数（2006 年からは浮動株数）をも加味した加重平均である。ここで、単純平均と加重平均を果物の価格で説明しよう。

1 個 30 円のミカンが 8 個、1 個 110 円のリンゴが 5 個、1 個 400 円のパパイヤが 2 個あるとする。それらの単純平均は

$$\frac{30 + 110 + 400}{3} = \frac{540}{3} = 180 \text{（円）}$$

となる。一方、それらの加重平均は

$$\frac{30 \times 8 + 110 \times 5 + 400 \times 2}{8 + 5 + 2}$$

$$= \frac{240 + 550 + 800}{15} = \frac{1590}{15} = 106 \text{（円）}$$

となる。

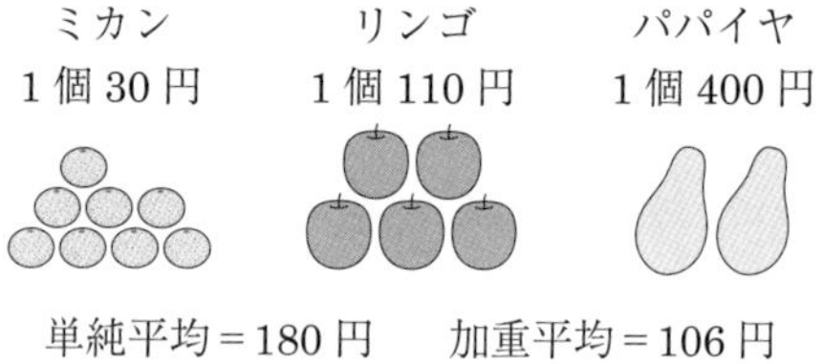

図 1

上で述べた視点からもわかるように、株価指数に連動した金融商品を扱う場合、単純平均の日経平均と加重平均の TOPIX を、それぞれの特徴を活かすように考えたいものである。本書はいわゆる投資指南書ではないので、これ以上踏み込みたくはないが、指数を動かすことを目的としている場合、値動きが軽い小型株や浮動株が少ない株に「買い」と「売り」の両面で注

目することになる。

当然、国内総生産 GDP が勢いをもって増える傾向にあれば、日経平均や TOPIX は上昇するだろう。ただ GDP についても、定義に帰って注意すべき点がある。それは、物価上昇率（下落率）を一切無視して GDP をそのまま捉える名目 GDP ではなく、物価上昇率（下落率）分を修正した実質 GDP が勢いをもって増える傾向にあることが望ましいのである。

次に教育問題に目を向けると、2000 年代前半の「ゆとり教育」で、円周率をめぐっての議論が国民的関心事として白熱したことがある。「円周率は約 3 でもよいか、3.14 とすべきか」という内容であったが、私が出前授業に行った小学校の生徒の感想をきっかけにして、日本の多くの大人は円周率 π の定義をすっかり忘れていることに気づいたのである。小学校で習ったはずの

$$\pi = 円周 \div 直径$$

を定義に帰って思い出せれば、たとえば円の面積公式

$$円の面積 = 半径 \times 半径 \times \pi$$

について、以下のような直観的な説明もできる。

各家庭で、親御さんが子どもたちに図 2 のような、縦が半径で横が半径 × π の長方形に近い図形を示す。それによって、子どもたちは一呼吸おくと、意外と上式の成立を想像できるのである。

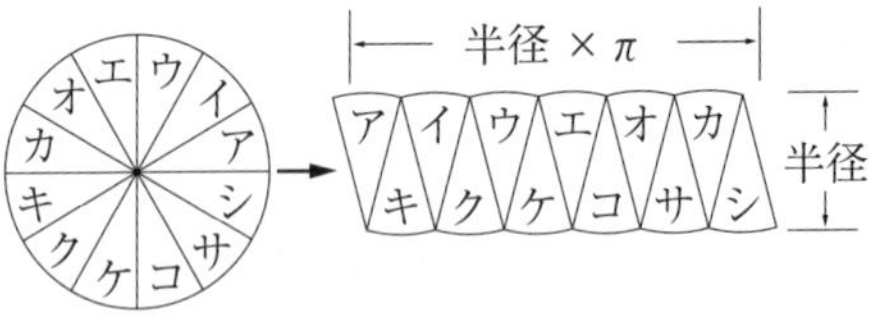

図 2

余談ではあるが、そもそもどうして「円周率は約 3」という議論が起こったのかを説明すると、たとえば半径が 11 cm の円の面積は

$$11 \times 11 \times 3.14 = 121 \times 3.14 = 379.94 \ (\mathrm{cm}^2)$$

となる。上式の計算では 3 桁× 3 桁の掛け算があり、それが 1 章で述べたように「学習指導要領範囲外」という背景があって、「円周率は約 3 として計算してもよい」となったのである。要するに円周率の議論の背景には、1 章でも述べた掛け算の桁数の問題があったことに留意してもらいたい。

次に、スポーツに関して規則（定義）を考えてみよう。たとえば背泳の潜水（バサロ）泳法での距離制限が 10 m と規定される 1988 年の前後では、競技会での結果は大きく異なった(現在の距離制限は 15 m)。またラグビーでは、トライのみの得点が 1993 年に 4 点から 5 点に変更され、それによってトライを目指す積極的なプレイが増えたのである。さらにバレーボールでは、かつてサーブ権があるときのみ得点が入るサイドアウト制で全セット行われていたが、徐々にルールが変更され、1999 年の改訂時からはサーブ権と無関係に得点が入るラリーポイント制で全セット行われている。

サイドアウト制とラリーポイント制を考える上で参考になる、AとBで対戦する次のゲームを考える。毎回のゲームについて、AがBに勝つ確率は$\frac{3}{5}$で、BがAに勝つ確率は$\frac{2}{5}$とする。どちらかが先に1回ゲームに勝てば優勝する状況（Ⅰ）では、明らかにAとBの優勝確率はそれぞれ$\frac{3}{5}, \frac{2}{5}$である。一方、どちらかが先に2回続けてゲームに勝つことによって優勝を決定する状況(Ⅱ)では、それぞれの優勝確率を求めると、Aはより有利になる。この計算では無限等比級数の公式を用いるので詳しくは書けないが、以下のような結果となる。

$$\text{Aの優勝確率} = \frac{63}{95}, \quad \text{Bの優勝確率} = \frac{32}{95}$$

ここで

$$\frac{3}{5} = 0.6, \qquad \frac{63}{95} \fallingdotseq 0.663$$

なので、（Ⅰ）より（Ⅱ）の状況で、Aはより有利になる。サイドアウト制の方が、ラリーポイント制より実力差がはっきり現れてしまうことが納得できるだろう。

さて、上では定義に帰って考えることの意義を幅広い分野で見てきた。一般に、社会における定義の些細な部分は無視しがちであるが、数学の世界で生きている人たちは定義の些細な部分にも神経を使う。それは、たとえば1以上3以下の範囲で考えることと、1より大きく3より小さい範囲で考えることは、天と地の違いがあることを痛感しているからである。ここで、一般の社会人であっても、ときには些細な部分にも目を向けて考え直す必要があることを実感できる事例を挙げよう。

四捨五入とともに算数で学んだ切り捨てや切り上げについて、多くの人たちは「単に算数の問題のための問題」という捉え方をしているようである。通貨の取引において、円に関しては小数第1位以下を切り捨てるのが普通で、外国通貨に関しては小数第3位で四捨五入するのが普通である。膨大な量の取引が行われる金融関係のビジネスにおいては、計算結果で生じる端数の処理方法は、ときには大きな問題に発展する場合がある。

1990年代後半の日本は、長引く景気低迷から超低金利の状態が続いていた。銀行の定期預金も郵便局の定期貯金も、1カ月ものでも1年ものでも年利率0.3％ぐらいの水準であった。ところが郵便局の定期貯金を上手に利用すれば、仮に1カ月ものや1年ものの年利率が0.012％であったとしても、年利率1.2％の利息を得る方法があった。ちなみに、そのような方法での預金は1999年から規制されたが、以下述べるものである。

たとえば100万円もっている人が、それを1年ものの定期貯金1口として預けると、利息は

100万 × 0.00012 = 120（円）

となる。しかし、1口1000円の1カ月ものの定期貯金1000口として預けると、1カ月の1口についての利息は

1000 × 0.00012 ÷ 12 = 0.01（円）

となる。ここで0.01円は1銭であるが、「国などの債権債務等の金額の端数計算に関する法律」によって、1銭は1円に切り上げられる。そのような定期貯金が1000口あったので、100万円に対する1カ月の合計利息は1000円となる。この方法を

12 カ月繰り返すと、1 年の合計利息は 1 万 2000 円になり、年利率 1.2 %相当の利息を得ることになる。参考までに、銀行ならば 1 円未満は切り捨てられるので、この方法は意味がない。

最後に、数学の定義に疑問や不満をもつ人はほとんどいないが、社会でのさまざまな法律やルールに疑問や不満をもつ人たちは非常に多くいる。もちろん、それは意義のあることであるが、そのように疑問や不満をもつことだけに終始していると、その法律やルールの不備を指摘することだけに目が向いてしまい、「その法律やルールを上手に利用しよう」ということまで思考が及ばないのが常である。それゆえ、一歩出遅れの状態でスタートを切ることになる。その辺りの頭の切り替えも、スピーディーな現代を生きる上で求められている要素ではないだろうか。

3

背理法（帰謬法）を用いる

帰謬法は間違った仮定から、著しく不合理な結論を導いて、その仮定の誤りであることを示すことである。《誤りに帰着させる》ことは数学的な手法であるが、皮肉屋がよくつかう諷刺に、一脈通ずるものがある。

（『いかにして問題をとくか』110ページ）

■

昔は帰謬法《きびゅうほう》とも言った背理法は、主張したい結論を証明するために、それを否定して推論を積み重ね、そして矛盾を導くことによって結論の成立をいう証明法である。

高校生や大学生に「一般論として、背理法とはどのようなものですか」と質問すると、よく勉強している者は上記の内容を説明することができる。ところが、「それでは、背理法の具体例を挙げてください」と質問すると、ほとんどが「$\sqrt{2}$は無理数であることを証明します」という返事をして、その証明を試みるのである。もちろん、それもよいのであるが、他の具体例による説明も聞いてみたい気持ちである。たとえば、社会現象を用いた題材による以下のような説明を考えてみる。

東京で殺人事件が起こって、最初にA氏が犯人だと疑われたとする。A氏は「自分は犯人でなく、事件当時は大阪にいた」と主張した。刑事さんはその主張の真偽を確かめるためにA氏の行動を調べた結果、大阪のデパートの防犯ビデオにA氏が映っていることを確認した。そこで事件当時のA氏のアリバイは成立したことになるが、これも次のように背理法の一例である。

結論は「A氏は犯人でない」。もし、A氏が犯人とすると、A氏は事件当時、犯行現場の東京にいなくてはならない。ところがA氏はその頃、東京から遠く離れた大阪のデパートにいたので、これは矛盾。したがって、「A氏は犯人でない」という結論が成立する。

ところで、その被害者が息を引き取る直前に「犯人はいま住んでいるマンションの住人の一人」というメッセージを知人の留守番電話に残していたことがわかったとする。すると刑事さんは、そのマンションの住人全員のアリバイを一人ひとり調べることになる。対象となるのが 23 人ならば、22 人までアリバイが成立して、残る 1 人の B 氏のアリバイが成立しないならば、「犯人は B 氏である」という結論を得るだろう。

上の議論で大切なことは、限られた時間でのチェックが可能な 23 人に捜査対象が絞られたことである。実は数学の研究分野に、「有限数学」という有限個の元（要素）からなる世界を対象とする分野がある。「所詮、有限の世界なので、コンピュータを使って強引にすべてをチェックすれば、何でも直ぐにわかるのではないか」と思われる読者もいるかも知れない。ところが、チェック回数が膨大過ぎてチェック不可能な状況はいくらでもある。ちょうど上の犯罪捜査で、捜査対象が 1 億人に絞られても意味がないのと同じである。

さらに有限数学の研究では、ある性質 p をもつ対象は 1 つしかなく、それは、たとえば①から⑨までの 9 つの場合のどれかに属することまでわかる、というようなこともよく起こる。すると研究者は、その対象が①に属するとして推論を積み重ね、②に属するとして推論を積み重ね、…、ということを行う。それによって、犯罪捜査でアリバイが成立するがごとく、次々と背理法によって矛盾を導き出し、性質 p をもつ対象が属する世界を絞り込んでいく。そのように有限数学では、背理法による証明が際立って多くあり、それは有限数学としての必然である。

実際問題として、背理法は日常生活のさまざまな場面で使われていているのであり、それを理解できるいくつかの小話を3つ述べ、その後で小話ではない形の例を2つ挙げよう。それらはいずれも、ものの個数や人数は整数となる「整数条件」と呼ばれる性質を用いている。

ある日、お母さんは小学生の兄と妹に、「2000円渡すから、60円のお団子と90円の草もちを適当に混ぜて、1500円から2000円ぐらいで買ってきなさい」とお使いを命じた。お団子屋さんに着くと兄は妹に「お釣り、ちょっとごまかして、2人で100円ずつもらわない？　どうせママは算数が苦手だからバレないよ」と言ったところ、妹は「お兄ちゃん、それって悪いことじゃない？」と答えた。それに対して兄は、「そのうちわかるけど、世の中、正直ばっかりじゃ生きていけないこともあるんだよ」と言い、妹も納得したのである。

結局2人は60円のお団子と90円の草もちをそれぞれ10個ずつ買い、中が見えないように袋に入れてもらった。それらの合計金額は1500円となり、2人はお釣りの500円から100円ずつをこっそり取った。

二人は帰宅すると直ぐに、「お母さん、袋に入ったお団子と草もちを、これから仲良く食べますね。ハイ、おつりの300円です」と言って、お母さんに300円を渡した。するとお母さんは、袋の中を見ることもせず、いきなり「ちょっと、二人は私にうそを言っているでしょ」と叱ったのである。焦った兄は「僕が100円ずつネコババすることを提案しました。ごめんなさい。でもお母さんは、なんでうそを見破ったの」と謝って、質問した。

お母さんは即座に、「お団子と草もちはどちらも30円の倍数でしょ。だから合計代金も30円の倍数です。そしてお釣りの300円も30円の倍数でしょ。すると、それらを合わせた金額は、30円の倍数になりますね。ところが、2000円は30円の倍数にならないので、矛盾でしょ」と説明したのである。

図1

ある会社のワンマン社長が、次のような採用計画を人事担当者に命じた。「女子は男子の2倍より20人少なく採用し、男女合計で200名採用せよ。」

すると、社長の命令には未だかつて一度も異議を唱えたことのなかった担当者が、困った顔をして「社長、お言葉ですが、それはできません」と答えた。そして、担当者は次のように説明したのである。

「男子の人数を△とすると、女子の採用人数は2×△－20なので、2×△－20＋△＝200、すなわち3×△＝220という式が導かれます。すると、△は220を3で割った商となり、△は整数にならないので、矛盾となります。それゆえ、採用計画は見直さなければならないと考えました。」

ここに 9 人の紳士がいて、その誰もが「自分はこの中で自分以外のちょうど3人とお互いに知り合いの仲である」と言う。

それを聞いた御隠居さんが現れて、「誰かが嘘を言ってますな」と言い、続けて次のように説明したのである。

「いま、A 氏と B 氏が知り合いの関係のとき、それを 1 つと数えて、知り合いの関係が全部でいくつあるかを求めると、その数は、$9 \times 3 \div 2 = 13.5$ となります。数式中の「$\div 2$」の部分は、1 つの知り合いは 2 人で構成されているからです。知り合いの関係の個数が 13.5 ということは矛盾で、誰かが間違ったことを言ったことになるのですぞ。」

1 辺が 1 cm の正方形 6 枚からなる図 2 のような 2 種類のパネルチップがある。これらと同じ形をしたパネルチップ合計 75 枚を重ならないように敷き詰めて、面積 450 cm^2 の長方形を作ることは不可能であることを示そう。

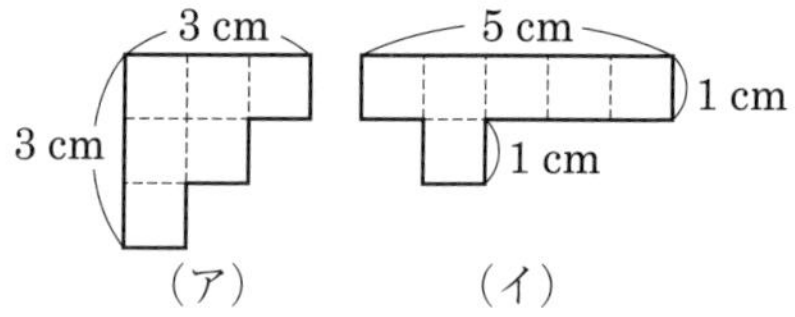

図 2

それは可能であるとして、その 450 cm^2 の長方形を図 3 のように、450 個の 1 辺が 1 cm の正方形に区切り、各正方形には、図のように○または×を付ける。

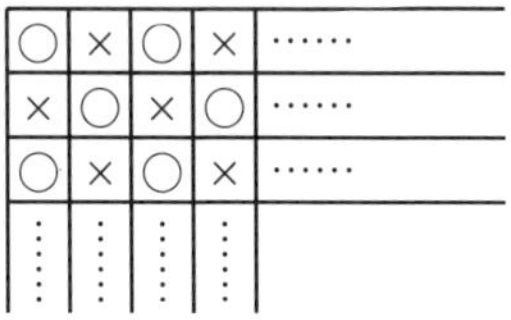

図 3

長方形の中には○が 225 個、×も 225 個ある。一方、長方形の中に敷き詰められている 75 枚のパネルチップについては、以下の（Ⅰ）または（Ⅱ）のどちらかである（図 4 参照）。（Ⅰ）は○の方が 2 個多く、（Ⅱ）は×の方が 2 個多い。

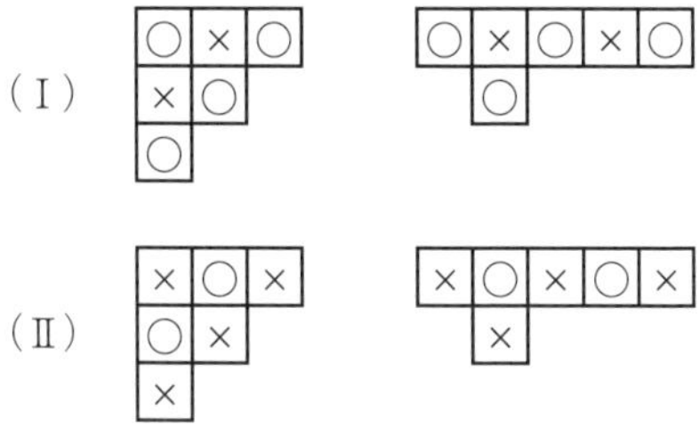

図 4

長方形の中に、（Ⅰ）のタイプのパネルチップが合計△枚、（Ⅱ）のタイプのパネルチップが合計□枚あるとする。パネルチップ全部は 75 枚で、全部の○は 225 個なので、

$$\triangle + \square = 75, \quad 4 \times \triangle + 2 \times \square = 225$$

を満たす。上の 2 式から

$$\triangle = \square = 37.5$$

となるので、矛盾を得る。したがって、(ア)と(イ)のパネルチップ合計 75 枚で面積 450 cm^2 の長方形を作ることは不可能である。

ある中小企業の社長は、主要取引先の担当者 11 人と仲が良い。その社長は気前がよく、毎日のように一杯飲みに彼等を何人かずつ連れて行く。あるとき、その社長は次のような条件（ｉ）、（ii）を満たすスケジュールを立てられないかと考えたが、それは不可能なものであることがわかった。その理由を説明しよう。

（ｉ）毎回 3 人ずつ連れて行く。

（ii）11 人のうちどの 2 人をとっても、その 2 人を一緒に連れて行くのはちょうど 1 回だけである。

条件（ｉ）、（ii）を満たすスケジュールを立てられるとして、全部で△回連れて行くとする。

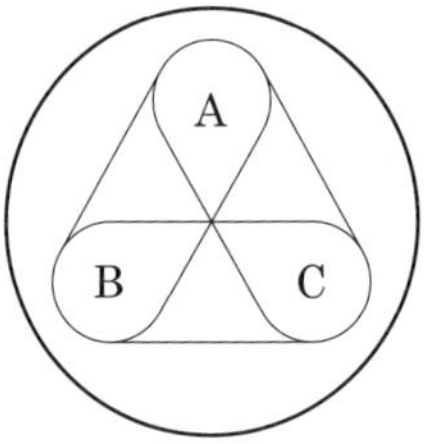

図 5

いま A、B、C の 3 人を連れて行く場合、そのメンバー 3 人の組は、A と B に対しても、A と C に対しても、B と C に対しても決定する（図 5 参照）。一方、11 人から 2 人選ぶ場合の総数は

$$\frac{11 \times 10}{2} = 55 \text{（通り）}$$

である。なぜならば、11 人から 2 人並べる場合の総数は

$11 \times 10 = 110$（通り）

である（図6参照）。そして、XとYをXYと並べることもYXと並べることも、選ぶときには一緒になるから、110を2で割って、11人から2人を選ぶ場合の総数である55を出すのである。

図6

そこで、この55組の2人からなる組を各回に連れて行くグループごとに振り分けることを考えれば、

$\triangle = 55 \div 3$

となる(図5参照)。しかし、これは整数でないので矛盾である。よって（ⅰ）、（ⅱ）を満たすスケジュールは立てられない。

上では、背理法は決して数学の証明だけでなく、日常生活でも誰もが用いる論法であることをさまざまな場面から見てきた。最後に、その論法の注意点を述べよう。

それは、背理法は間違ったことを仮定して推論しているので、その論理展開で現れる内容は事実と異なるものが続く。たとえば、昼の12時に自宅で昼寝をしていたA氏が、「自分はその頃、ファストフードで食事をしていた」と嘘をついたとする。A氏に対して「どこにある店で、何を食べていたか」という質問をしたところ、「新宿にあるハンバーガーショップでポテトを食べていた」と答えたとしよう。それを仮定した会話では、事実と異なる内容が続くことはご理解していただけるだろう。

それゆえ、背理法を多く用いた世界で暮らしていると、ちょうど刑事さんが疑い深くなるように、本当の話でもなかなか信用しないことも多くなる。ところが、正直にものを言う人の話まで一々疑っていては、逆に損な面も少なくないことを留意したいのである。

4

条件を使いこなしているか

われわれの知識がだんだん動員されてくるにつれて、終いにははじめよりももっとよく問題を理解するようになる。　（『いかにして問題をとくか』56ページ）

●

多くの商品を扱っている売場においては、どの商品をどこに置くかという問題は重要な課題である。最近は客の性別や年齢層、あるいはどのような商品の組合せを購入したか、というデータをレジの段階でさり気なく記録している売場が増えてきた。そこで考えなくてはならないことは、「すでに集めたデータを十分に分析し、その結果を実際に役立たせているか」という問題がある。これは一言で述べると、「あまり表には一々現れない細かい条件を使っているか」ということであり、これを（Ⅰ）型と表現しよう。

一方、どの商品をどこに置くかという問題は、基本的に自由な課題である。キュウリのタレを調味料売り場から野菜売場に移動しただけで、売上が上昇したという事例もある。これは一言で述べると、「許される範囲内で自由に試行錯誤を行って効果的なものを模索しているか」ということであり、これを（Ⅱ）型と表現しよう。

およそ「条件を使いこなしているか」ということを自問するとき、（Ⅰ）型として考えるか（Ⅱ）型として考えるか、あるいはそれらを合わせて考えるか、という整理をすることが必要だろう。建築などで細かい特例措置を吟味することは（Ⅰ）型であり、詰将棋などのゲームを熟考することは（Ⅱ）型である。

現在の日本の教育は「試行錯誤」より「やり方の暗記」に偏っており、それゆえ（Ⅱ）型のセンスを育む学びがとくに大切である。参考になりそうな３つの（Ⅱ）型の例を次に挙げよう。

外見同一の13個のオモリがある。そのうち1つだけ重さが違うことがわかっているが、それが他よりも重いか軽いかは不明である。ここに天秤があり、それの左右の皿の上には何個でもオモリを乗せられるが、左右の重さの比較しかできない。この天秤を3回使って重さの違うオモリを見つける問題である。少し考えてから以下の答えを見ると、学習効果は高まる。

1回目は4個と4個で比較する。なお、それ以外の方法は失敗する。

（ア）：1回目につり合った場合

1回目に比較しなかったものをA, B, C, D, Eとする。

1回目に比較したものをすべて㊣, ㊣, …, ㊣とする。

2回目：

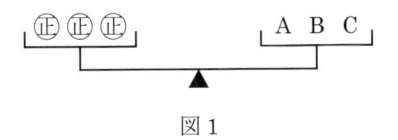

図1

つり合ったならば、3回目は、㊣とDで比較すればよい。つり合わなければDが違うものとなり、つり合えばEが違うものとなる。

右が上がったならば、3回目は、AとBで比較すればよい。つり合わなければ上がった方が違うものとなり、つり合えばCが違うものとなる。

右が下がったならば、3回目は、AとBで比較すればよい。つり合わなければ下がった方が違うものとなり、つり合えば

Cが違うものとなる。

（イ）：1回目につり合わなかった場合

1回目に上に上がったものを㊤, ㊤, ㊤, ㊤とする。また下に下がったものを㊦, ㊦, ㊦, ㊦とする。その他のものを㊣, ㊣, ㊣, ㊣, ㊣とする。

2回目：

図2

つり合ったならば、3回目は、2回目に比較しなかった㊦と㊦で比較する。つり合わなければ下がった方が違うものとなり、つり合えば図2にない残りの㊤が違うものとなる。

左が上がったならば、3回目は、上がった左にある2つの㊤と㊤で比較する。つり合わなければ上がった方が違うものとなり、つり合えば図2の右の㊦が違うものとなる。

左が下がったならば、3回目は、下がった左にある㊦と㊣で比較する。つり合わなければ下がった㊦が違うものとなり、つり合えば図2の右の㊤が違うものとなる。

参考までに述べると、天秤を使う回数が4回の場合は、40個（13 × 3 + 1 = 40）のオモリのうち1つだけ重さが違うものがあるとき、それを見つけることができる。また、天秤を使う回数が5回の場合は、121個（40 × 3 + 1 = 121）のオモリのうち1つだけ重さが違うものがあるとき、それを見つけることができる。…以下同様。

次は、毎年4月1日に定期預金することを考える。金利は年利10％の複利で、税金等は考えないものとする。最初の年は10万円、次の年は20万円、その次の年は30万円、その次の年は40万円をそれぞれ積み立て方式で預ける。最初に預けたときから5年後の4月1日の残高を求める計算式は、

10万× 1.1 × 1.1 × 1.1 × 1.1 + 20万× 1.1 × 1.1 × 1.1
+ 30万× 1.1 × 1.1 + 40万× 1.1

となる。上式を計算するとき、何回の計算をするか考えてみよう。10万円については掛け算が4回、20万円については掛け算が3回、30万円については掛け算が2回、40万円については掛け算が1回の合計10回である。さらに、それらの足し算で3回計算するので、全部で13回の計算をすることになる。ここで、全部の計算回数を減らすことを考えてみよう。

[{(10万× 1.1 + 20万)× 1.1 + 30万} × 1.1 + 40万]× 1.1

という計算式を考えると、これは当初の計算式と同じ意味である。ところが、全部の計算回数は7回である。この方法ならば、メモリーの付いていない携帯電話の電卓でも直ぐに計算でき、答えの121万5610円が求められる。

次に、オプション取引を説明しよう。株式、債券、通貨等の投資において、利益を期待したいが大損するのはたまらない、と考えるのは当然であろう。そこで、ある種の保険料（＝オプション料）を払うことによって、この問題を解決しようというのがオプション取引の発想である。

オプション取引とは、ある商品をあらかじめ決められた条件で、将来買い付ける権利（コールオプション）あるいは売り付

ける権利（プットオプション）を売買する取引のことである。買い付けあるいは売り付けができる日を権利行使日、買い付けあるいは売り付けができる価格を権利行使価格という。権利行使日に関しては、将来の満期日のみに権利を行使できるヨーロピアンオプションと、満期日以前の任意の日に権利を行使できるアメリカンオプションがある。コールオプションあるいはプットオプションにつく値段（オプション料）をプレミアムという。

以下では日経平均株価オプション取引を例にしてコールオプションおよびプットオプションについて説明し、その後でオプション取引の組合せによって、(Ⅱ)型の簡単な例を紹介する。なお、ここでは税金、手数料等は考えていない。

コールオプションあるいはプットオプションの買い手が、権利行使日に権利を行使した方がより有利であるときは、かならず権利を行使するという仮定のもとでは、買い手および売り手の利益額は次のように与えられる。ただし、

x ＝権利行使時の日経平均株価

y ＝利益額（負のときは損失額）

コールの買い手

$$y=\begin{cases}-\text{プレミアム} & (x\leqq\text{権利行使価格})\\ x-\text{権利行使価格}-\text{プレミアム} & (x\geqq\text{権利行使価格})\end{cases}$$

コールの売り手

$$y=\begin{cases}\text{プレミアム} & (x\leqq\text{権利行使価格})\\ \text{権利行使価格}+\text{プレミアム}-x & (x\geqq\text{権利行使価格})\end{cases}$$

プットの買い手

$$y = \begin{cases} \text{権利行使価格} - \text{プレミアム} - x & (x \leqq \text{権利行使価格}) \\ -\text{プレミアム} & (x \geqq \text{権利行使価格}) \end{cases}$$

プットの売り手

$$y = \begin{cases} x - \text{権利行使価格} + \text{プレミアム} & (x \leqq \text{権利行使価格}) \\ \text{プレミアム} & (x \geqq \text{権利行使価格}) \end{cases}$$

同じ権利行使価格のコールオプションあるいはプットオプションであっても、そのプレミアムは常に変化しているものである。ここでは権利行使価格 = 10000、プレミアム = 300 として、上記 4 つの立場に対するグラフを図 3 に描いてみる。

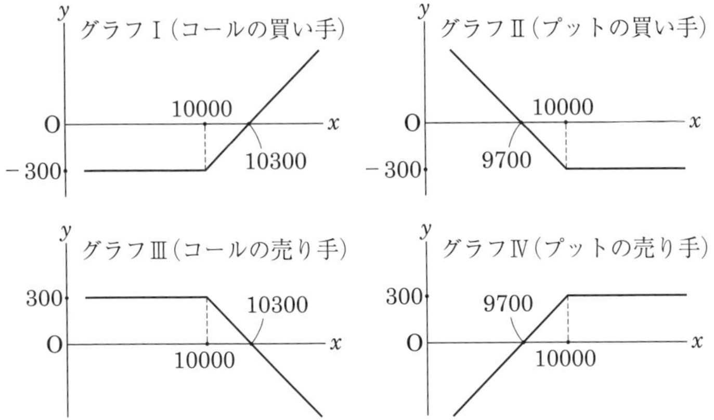

図 3

上のグラフからも想像できるが、平均株価が大きく上昇することを予想する場合はコールの買い手、平均株価が大きく下降することを予想する場合はプットの買い手、平均株価が少し上昇することを予想する場合はプットの売り手、平均株価が少し下降することを予想する場合はコールの売り手、をそれぞれ選択することは適当と思われる。

さて、日経平均株価が上下に大きく乱高下することを予想する場合や、逆に上にも下にもほとんど動かないことを予想する場合は、何かよい手はないだろうか。

そこで、グラフⅠ＋グラフⅡおよびグラフⅢ＋グラフⅣを描いてみよう。

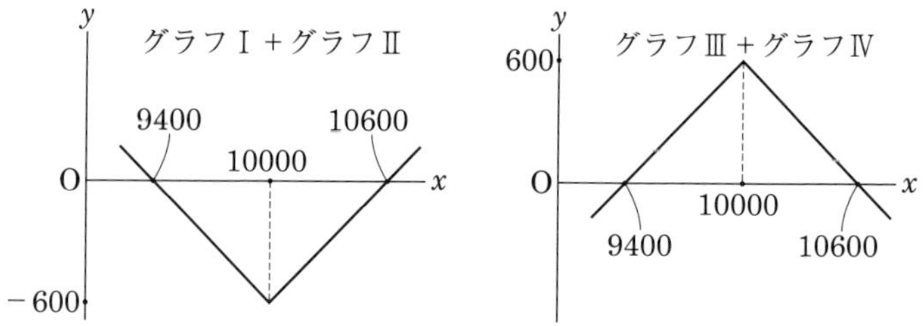

図4

図4は、上下に大きく乱高下することを予想する場合はコールの買いとプットの買いを同時に行い、上にも下にもほとんど動かないことを予想する場合はコールの売りとプットの売りを同時に行う手があることを意味しているのである。

ここから（Ⅰ）型の例を2つ挙げよう。最初は、私が全国の小・中・高校で出前授業を始めた1990年代後半に思いついた「誕生日当てクイズ」である。これは、誕生日の月と日を用いた簡単な計算を行ってもらい、その結果の1つの数字から月と日の両方を当てるものである。多くの子どもたちは、「月と日の2つがわからないから、2つの式による答えが必要ではないか。1つの式による1つの答だけで、月と日の2つを言い当てることは不思議だね」という驚いた感想をもつ。実は、月は1, 2, 3, …, 12のどれかであり、日は1, 2, 3, …, 31のどれかであり、その隠れた条件を巧妙に使うところが要点である。私の誕生日当てクイズは以下である。

生まれた日を10倍して、この数字に生まれた月を足して下さい。この結果を2倍したものに、生まれた月を足して下さい。いくつになりましたか。

生まれた月と日の数をそれぞれ月、日で表すことにして、クイズの質問に対する答えを☆で表すことにすると、

$$☆ = (10 \times 日 + 月) \times 2 + 月 = 20 \times 日 + 3 \times 月$$

と表せる。そこで、☆を20で割った余りは、3×月を20で割った余りと等しくなり、次の表を得る。表の上段の数字はすべて異なるので、生まれた月、そして生まれた日も特定できる。

表1

☆を20で割った余り	3	6	9	12	15	18	1	4	7	10	13	16
生まれた月	1	2	3	4	5	6	7	8	9	10	11	12

1つの例を示すと、☆が536のとき、536を20で割ると商は26、余りは16となる。そこで表1の上段で16を見つけると、生まれた月は12になる。ここで、☆は

生まれた日× 20 ＋生まれた月× 3

であったので、

生まれた日× 20 ＋ 12 × 3 ＝ 536

生まれた日＝ 25

となり、誕生日はクリスマスの 12 月 25 日である。

次は、大学入試センター試験ばかりでなく就職の適正検査にも使われるようになった算数・数学のマークシート型問題である。この種の問題には、隠れた条件を使って正解を見破るさまざまな裏技がある。数学の答案は記述式であるべきで、裏技によって答えを当てたところで評価するものはない。大学入試や就職試験を受ける側ばかりでなく、問題を作る側にも以下の内容を参考にしてもらいたい。ただ若干の高校数学の記号を用いるが、それは単に裏技を語ることが目的であり、高校数学の内容を語るものではないので、お許し願いたい。また、

$\triangle^2 = \triangle \times \triangle$

であることを思い出していただきたい。

まず、

$(n + 2)^2 - 2 \times n - 1 = \square$

というような文字式が絡んだ計算式が左辺にあり、右辺には答えの□がある場合、マークシート問題の答えは数字であることに注意する。そこで、n に具体的な数字を入れても等式は成り立つ。いま $n = 0$ とすると、

$(0 + 2)^2 - 2 \times 0 - 1 = \square$

$\square = 4 - 1 = 3$

が導かれるので、正解は 3 になる。

読者の皆様の中には、「右辺の□の代わりに解答群の中から答えを選ばせる問題ならばどうか」という疑問をもつかも知れない。その場合も n に具体的な数字を入れて等式は成り立つので、同様にして正解を見破ることができる。たとえば、

$$(n + 2)^2 - 2 \times n - 1 = \square$$

解答群：(ア) n^2,　(イ) $n + 1$,　(ウ) $n + 3$

という問題を考えよう。$n = 0$ とすると、左辺は 3 となり、(ア) は 0、(イ) は 1、(ウ) は 3 となる。それゆえ正解は (ウ) となる。なお、n に具体的な数字を入れると正解の可能性が残る候補が複数現れる場合もある。その場合は $n = 1$ というように、別の数字を文字に入れてみればよい。

次に、△や○や☆が三角関数や対数関数というもので表されているものの、

2 ≦△≦ 2.1,　4 ≦☆≦ 4.3,　1 ≦○≦ 1.2

だけは直ぐわかるものだとしよう。そして、問題は

△＋☆－○＝□

の□を求めるものであるが、マークシート問題の特徴から□は 1 つの整数になっているとする。このとき、△＋☆は 6 以上 6.4 以下で、そこから 1 以上 1.2 以下の整数を引いて答えの□が整数になるのは、□が 5 の場合だけであり、正解の 5 が見つかるのである。

次に、高校 2 年生までの学習内容が試験範囲のとき、

$$\sin \square\, \theta, \quad \int x^{\square} dx$$

の□に当てはまる整数は、「ゆとり教育」の時代では 0, 1, 2 のどれかであった。□が 0 とか 1 はまず考えられないので、正解の 2 がわかることになる。ちなみに 2000 年前後の大学入試

センター試験には sin □ θ という問題が 8 題出題されたが、すべて□は 2 であった。

上では 3 種類の裏技を紹介したが、毎年のようにいろいろな試験で、正しく解けなくても裏技で正解がバレる間抜けな問題が数多く出題されている。日本がものごとのプロセスを軽視する国家にならないことを祈るばかりである。

最後に、本章に関連したことで別の視点から注意しておきたいことがある。それは、現実の問題を考えると、そこには問題解決とは無縁な不必要な条件が数多くあることが普通である。したがって本当は、「不必要な条件の整理」にも目を向けたいものである。教育現場でも「不必要な条件の整理」を学ばせたいのではあるが、なかなか実現しない現実がある。かつて、小学生に平行四辺形の面積を求めさせる 2 種類の問題が、全国規模の学力テスト等で年度を別にして出題された。図 5 の(ア)のような問題では高得点になるものの、(イ) のような問題では成績が急落するのである。

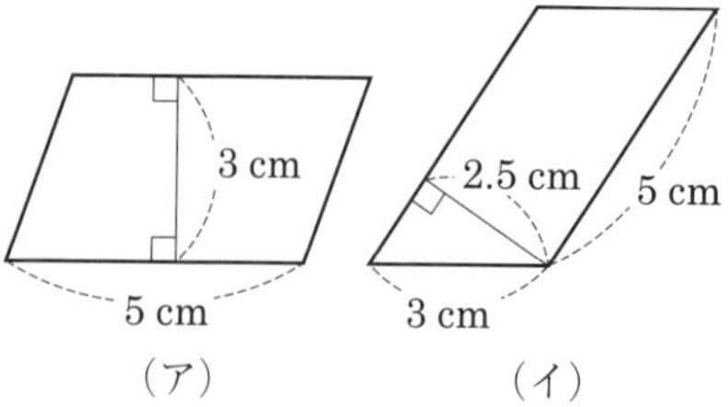

図 5

5

図を描いて考える

図は幾何学の問題の対象であるばかりでなく、はじめは幾何学的なものを含まないすべての問題にとっても大切なものである。

(『いかにして問題をとくか』220 ページ)

▲

芸術的な絵画を目的とした図などを別にすると、日常生活の問題を考えるときでも数学の問題を考えるときでも、図を描いて考えることの目的は、主に以下の4つに分類されると考えられる（もちろん、それらに重複する課題もあるが）。

（Ⅰ）図を描くことによって、ミスのない思考をする。

（Ⅱ）実際の図形の検討したい部分を扱いやすい大きさに表現する。

（Ⅲ）良いアイデアを生み出すためのヒントを模索する。

（Ⅳ）各種の統計的なデータを整理して何らかの傾向をつかむ。

以下、図を描いて考えるときのヒントになる例を、（Ⅰ),（Ⅱ),（Ⅲ),（Ⅳ）型それぞれに分けて順に紹介しよう。さまざまな問題を考えるとき、それぞれに応じた型の図を積極的に描くことによって、解決へ向けた一歩を踏み出してもらえれば幸いである。

最初に（Ⅰ）型であるが、裁縫や建築などでの正確な製図は誰でも思いつくことで、これ以上は深入りしない。

目的地まで、現在地から最短時間（日数）で行く道順を決定する「最短通路問題」というものがある。その効果的な方法で「ダイクストラ法」というものが経営数学にあり、その前提として通行可能なすべての道とそれらの所要時間を記した図1

のようなものを描く必要がある。ここで大切なことは、最短通路問題は単に道順を決定するだけでなく、たとえば偉い人との面会を求めて、事前にいろいろな人を介して人脈を開拓するときなどの所要時間（日数）を検討するときにも使えるだろう。

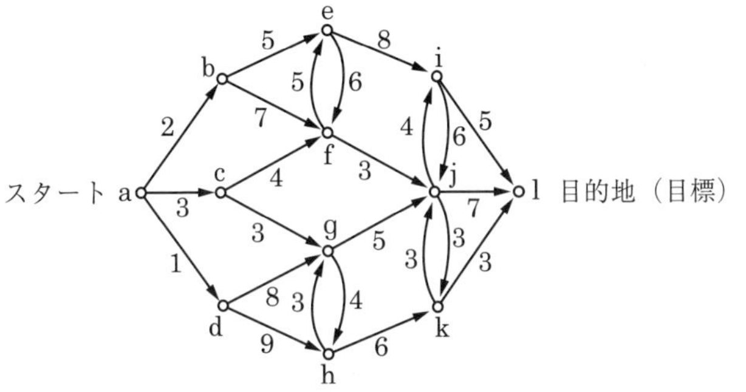

図1

いくつかの集合を図示するものにベン図というものがある。これに構成する人数等の具体的な数字を書き込むことにより、未知の部分の人数等を正しく求めていくことができる。たとえば、対象とする大組織Uを構成する人数が363人で、そのうちAグループには124人、Bグループには184人、Cグループには117人が所属し、さらに、AかつBの人数は60人、AかつCの人数は51人、BかつCの人数は67人、AかつBかつCの人数は28人とする。このとき、たとえばUには属するが、AにもBにもCにも属さない人数は、以下のようにして求められる。

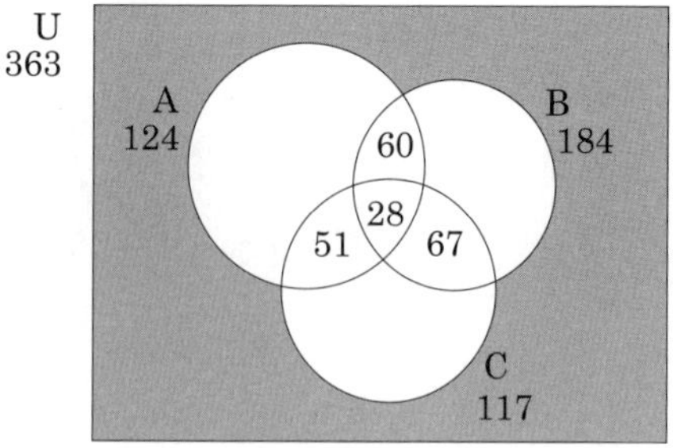

図 2

求める人数

＝図 2 の灰色部分の人数

＝ U の人数－ A と B と C のどこかに属する人数

＝ U の人数

－ {A の人数＋ B の人数＋ C の人数

－(A かつ B の人数)－(A かつ C の人数)

－(B かつ C の人数)＋(A かつ B かつ C の人数)}

＝ 363 －(124 ＋ 184 ＋ 117 － 60 － 51 － 67 ＋ 28)

＝ 363 － 275 ＝ 88 (人)

を得るが、計算式では重複している部分の人数を、誰もが 1 回だけカウントするようにしている点に留意してもらいたい。

信頼性工学に「故障の木」というものがある。これは「OR ゲート」と「AND ゲート」を組合せてトラブル等の原因を探るもので、たとえば図 3 で示すような具体例が広くある。

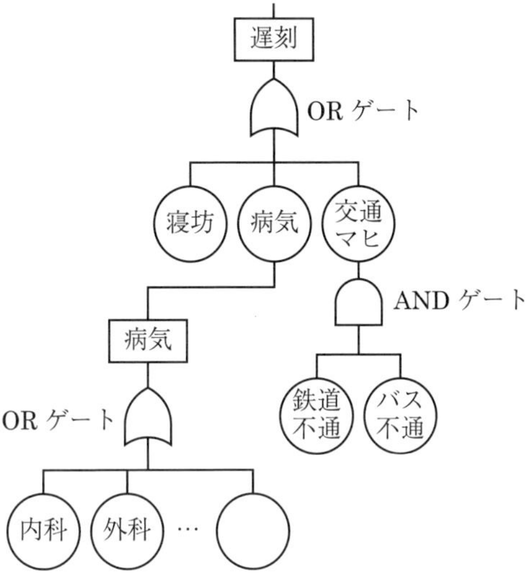

図 3

故障の木を一般化したものに、よく知られている樹形図がある。昨今の数学教育の問題点の 1 つに、ものごとの個数をイチ、ニ、サン、シ、…と樹形図などを用いて数えることを十分にしないうちから、子どもたちに順列記号 P や組合せ記号 C を教えることがある。これは、平仮名を満足に書けない幼い子どもに漢字を無理矢理教えたり、直球をほとんど投げたことのない少年野球を始めたばかりの子どもに変化球を教えたりすることと同じではないだろうか。

実際、大学入試で小学生でも数えることができるような素朴な問題を出題すると、P だの C だのを用いた訳のわからぬ式を書いて、とんでもない答えを平然と書く受験生が多くいる。生活やビジネスの場面でも、樹形図を描いてすべての場合を網羅したり数えたりすると効果的なことが多々あるので、樹形図の用い方を少し丁寧に述べてみよう。

まず図 4 の路線図について、出発地 A から到着地 F に至るルートは何本あるか、樹形図を用いて求めてみる。ただし、同じ地点は 2 度通らないものとする。

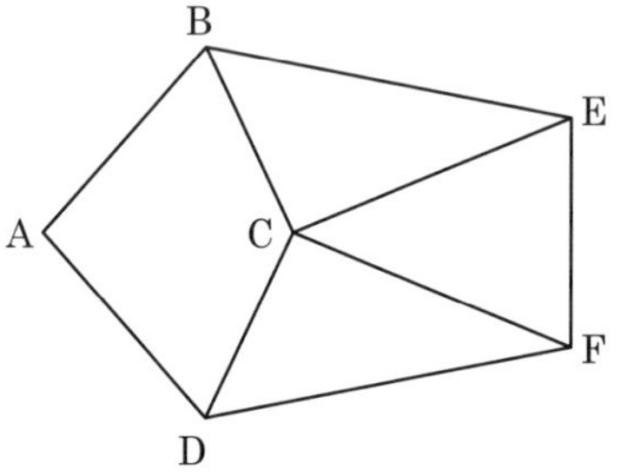

図 4

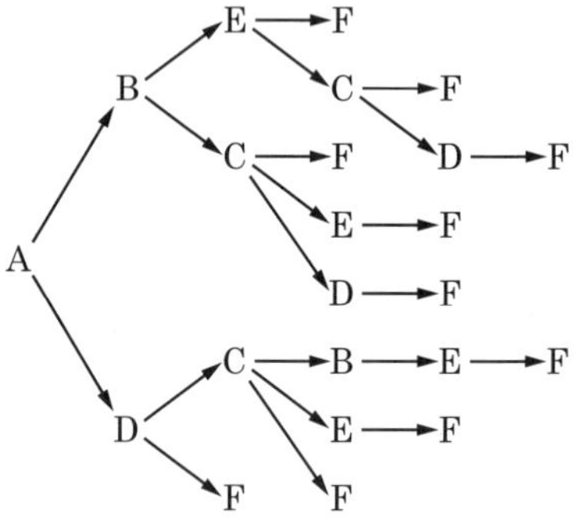

図 5

図 5 のようにして数えることにより、求めるルートは全部で 10 本あることがわかる。

次に、A, B, C, D, E の 5 人から代表、渉外、書記の 3 人を決める場合の数を考えよう。すべての場合を樹形図で示すと、図6のようになる。

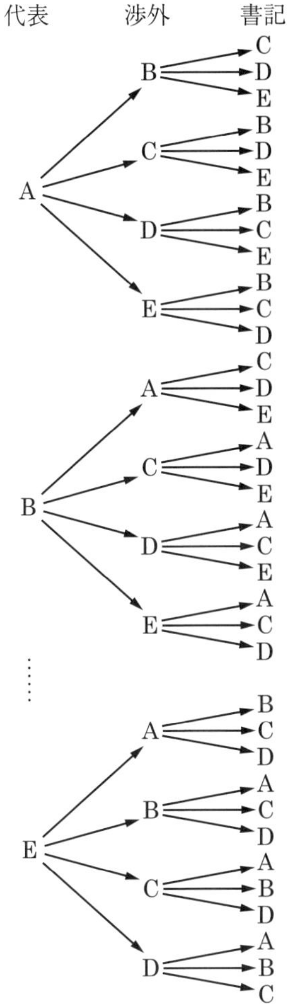

図6

図6ですべての場合の数を求めると、代表の決め方は5通りで、代表の候補を決めると渉外は4通りあり、代表と渉外の候補2人を決めると書記は3通りある。それゆえ、すべての場合の数は

$5 \times 4 \times 3 = 60$（通り）

となる。

次に、A, B, C, D, E, F, Gの7人から単に3人のグループを決める場合の数を考えよう。図6を用いて求めたようにして考えると、A, B, C, D, E, F, Gの7人から代表、渉外、書記の3人を決める場合の数は、

$7 \times 6 \times 5 = 210$（通り）

となる。ところが、単に3人のグループを決めるときは、代表、渉外、書記の区別はない。そこで、たとえばA, B, Cの3人からなるグループを考えるとき、A, B, Cの3人に代表、渉外、書記の区別を付けたもの全部を1つにまとめるようにする。すなわち図7のように、左側にある6通りを右の1つにするのである。もちろん、これはどの3人からなるグループについてもいえることである。

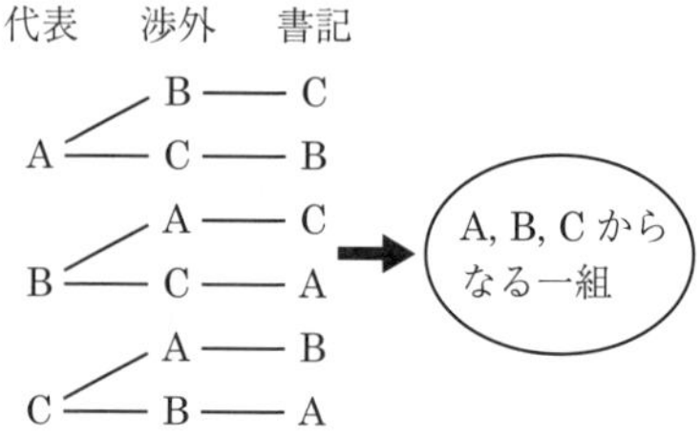

図7

このようにして考えると、7人から代表、渉外、書記の3人を決める場合の数210を6で割ることによって、3人からなるグループ全部の個数が求まる。したがって、A, B, C, D, E, F, Gの7人から単に3人のグループを決める場合の数は、

　210 ÷ 6 = 35（通り）

となる。

ここから（Ⅱ）型に移るが、図形の全体的なバランスや見映えをチェックするための見取り図は誰でも思いつくことで、これ以上は深入りしない。

およそ立体図形は、平面図形と比べて扱いが格段と難しくなる。それは、前後左右の関係だけの平面図形に、さらに上下の関係が加わるからである。そこで、上下の位置関係をわかりやすくするために、たとえば図8のような方法が考えられる。（ア）は山の等高線で、（イ）は編み物の「作り目」である。

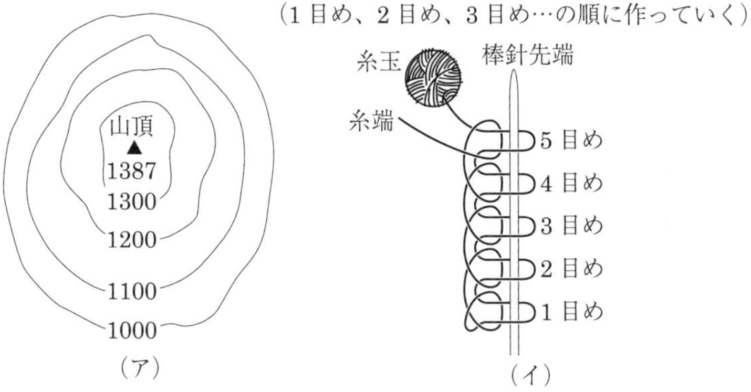

図8

上では立体図形について述べたが、平面図形の扱いがやさしいということではない。実際、地図の説明は平面図形についての表現力をチェックする上で最適な題材であるが、これが意外と難しい。とくに2000年代前半の日本の「ゆとり教育」では、中学校の証明文教育で全文を書くことが昔と比べて形骸化された。そこで、その頃に学んだ方々の表現にはとくに曖昧なものが目立つ。そして、表現が曖昧ならば正確に考えることは無理なので、ここで地図の説明に関するいくつかの要点をまとめておこう。

（i）「前後」、「左右」という言葉を用いるときは、それが自分の立場なのか、あるいは他人の立場なのかを確かめなければならない。どちらの立場であっても、どこに立ってどの方向を向いているかを確かめなくてはならない。

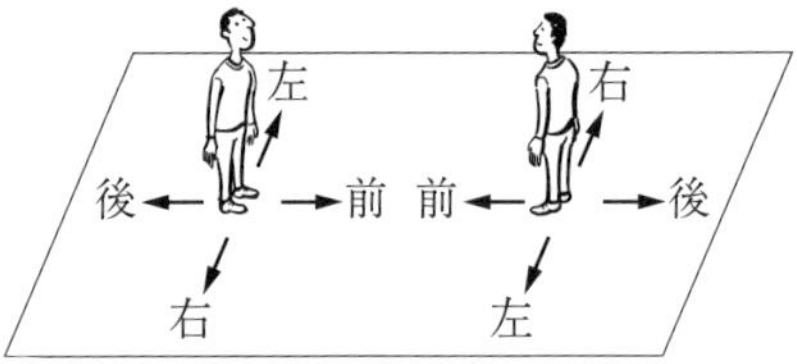

図9

（ii）大きな駅では改札口がいくつもあるように、たとえば「改札口を出て左に行く」というような表現で用いるものについては、それが一通りに定まるものであるか否かを常に確かめなくてはならない。「左に歩いていくとコンビニがある」と伝えても、コンビニが複数あっては迷ってしまうだろう。

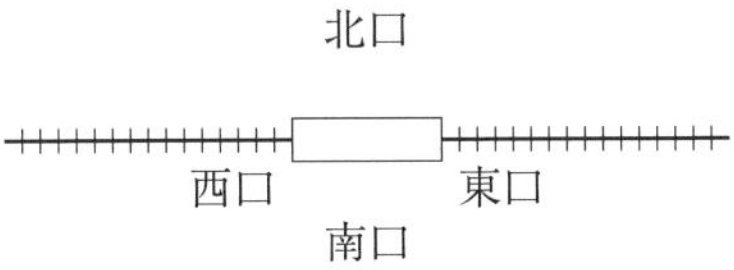

図 10

（iii）「東京スカイツリーの方向に歩いていくと、目標のレストランが左側にある」と伝えても、方向だけでは目標の建物を通り過ぎてしまうかも知れない。そこで、方向だけでなく、たとえば「東京スカイツリーの方向に大人の足で 5 分ぐらい歩いていくと、目標のレストランが左側にある」というような距離感を与える表現も必要である。

図 11

（iv）「東京スカイツリーまで歩いて 10 分ぐらいの距離にいます」と伝えても、距離感だけでは所在地は定まらない。そこで、距離だけでなく、たとえば「東の方向に東京スカイツリーが見えて、そこまで歩いて 10 分ぐらいの距離にいます」というような方向を与える表現も必要である。

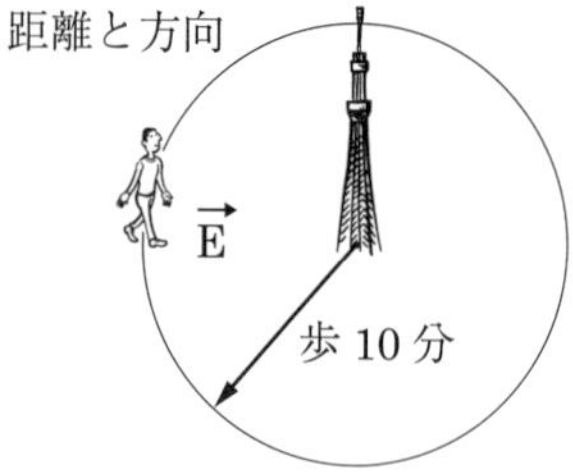

図 12

（Ⅱ）型の最後の話題として、東京スカイツリーからはどのくらい遠くまで眺めることができるか考えてみよう。地上 634 m のスカイツリーの最上部を A とすると、地球は半径約 6400 km の球体なので、図 13 における A と B の間の距離 AB を求めればよい。ただし、O は地球の中心で、距離 BO は 6400 km である。

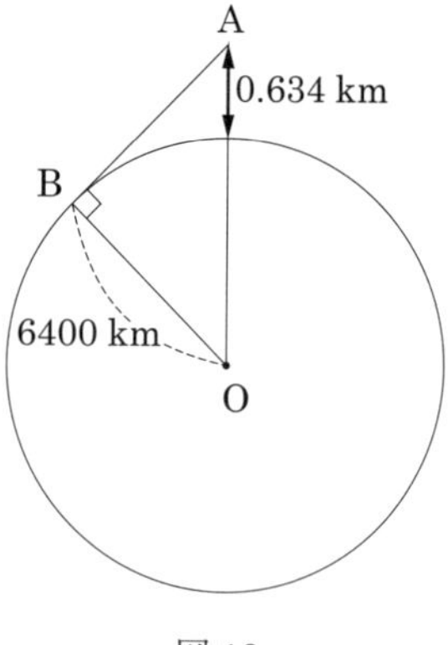

図 13

三角形 ABO は直角三角形なので、中学校で学ぶ三平方の定理（ピタゴラスの定理）から、

$$\mathrm{AB} \times \mathrm{AB} + \mathrm{BO} \times \mathrm{BO} = \mathrm{AO} \times \mathrm{AO}$$

という式が成り立つ。ここで、

$$BO = 6400, \quad AO = 6400.634$$

を入れて計算すると、

$$AB \fallingdotseq 90 \ (\mathrm{km})$$

を得るので、スカイツリーの最上部からは約 90 km 先まで眺めることができる。ちなみに、スカイツリーの第 2 展望台、第 1 展望台の高さはそれぞれ地上 450 m、350 m なので、同様にして計算すると約 76 km、約 67 km 先まで眺めることができる。

ここから（Ⅲ）型に移るが、小学校の算数で鶴亀算、植木算、仕事算、旅人算などの文章問題について、図を用いて解いた思い出がある読者も少なくないだろう。（Ⅲ）型の特徴として、ヒントを思いつくために図を上手に描くことも要点となる。いくつかの例を挙げてみよう。

さまざまな製品価格はどのようにして決定するか、という疑問について、生産から小売の段階までを通して考えたいことはよくある。そのとき、以下の図にそれぞれ対応する費用や価格を書き込むだけで、全体が手に取るようにわかるだろう。

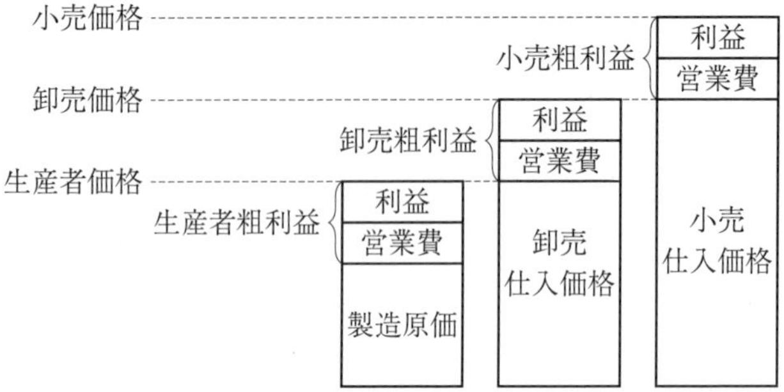

図 14

経済学を始め幅広く応用されているものに不動点定理というものがあり、その一例としての「手品」を紹介しよう。

2 枚の同じ大きさの名刺（長方形）を図 15 のように 4 隅が出るように重ねる。そして、長さの等しい対応する辺同士の 4 つの交点A、B、C、D をとり、A と C、B と D を直線で結び、それらの交点を E とする。いま点 E で、2 枚の長方形を通して画ビョウを刺し、上の長方形をゆっくり回すと、2 つの長方形がぴったり重なるときが来る。点 E を「不動点」というが、そのような性質をもつ点は一つだけである。

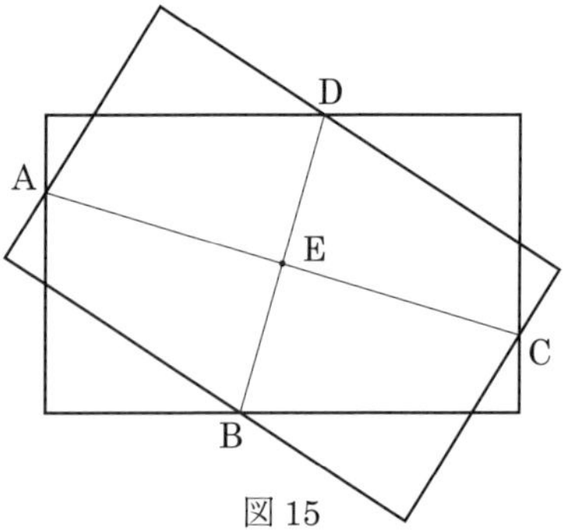

図 15

このような性質を自分で確かめたり他人に見せたりして楽しむとき、図をなるべく正確に描くことは大切である。「なぜ、この性質が成り立つのだろうか」という理由を考えるとき、多くの図形の証明問題と同じように、図にいろいろな線を入れたりして試行錯誤するだろう。実は、それがとくに大切なことで、ただボーっと図を眺めていてもなかなか効果的なヒントを思いつくことはないのだ。

なお、この証明は中学数学の知識で述べられるが、中学数学としては最も難しい部類に属すると考えられる。本書で長々とそれを述べることは省略するが、興味のある方は著書『数学で学ぼう』（岩波ジュニア新書）を参照していただきたい。

消費者のニーズや価値観が多様化している現在は、かつてのように１つの製品を大量生産して販売するのではなく、それぞれの企業が自社の強みを活かす製品をマッチした対象に提供する時代になった。そこで、市場を細分化する「セグメンテーション」によって、ターゲットにする対象を絞ることになる。地理的な分割、年齢や性別や所得などによる人口統計的な分割、性格などの心理的分割、購売傾向などの行動的な分割などによって絞るだろう。

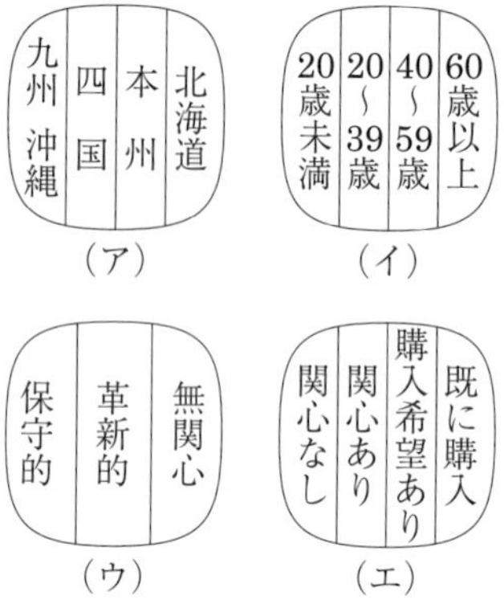

図 16

そこで大切だと考えることは、他人や他社のまねをするだけのセグメンテーションよりも、自分自身の発想によるセグメンテーションが成功への鍵となるのではないか、ということである。それは数学の世界を見ていると、問題を解決するために、対象とする領域を斬新な方法で分割し、分割したそれぞれの部分で鮮やかに解決した研究をいくつも見てきたことにもよる。たとえば図 16 の（ウ）を、一番好きな教科によって分割してみると、効果的なセグメンテーションを得る場合もあるかも知れない、と思うのである。

ここで、効果的な分割によって説明する算数的な興味ある話題を紹介しよう。それは、曜日に関する議論では 7 で割った余りに分割して考えるとよく、この考え方を使って、13 日の金曜日は 1 月から 10 月までに必ずあることを示してみる。1 月は 31 日あり、31 日を 7 で割ると 3 日余るので、2 月 13 日は 1 月 13 日に比べて曜日に関して 3 日分先に進んでいることになる。同様に各月の 13 日は、前の月の 13 日より何曜日分先に進んでいるかを調べると表1、2になる。

表1、2から、2月以降の各月の13日は1月13日より何曜日分先に進んでいるかを調べると表3、4となる。

表1（平年）

1月 ↓ 2月	2月 ↓ 3月	3月 ↓ 4月	4月 ↓ 5月	5月 ↓ 6月	6月 ↓ 7月	7月 ↓ 8月	8月 ↓ 9月	9月 ↓ 10月	10月 ↓ 11月	11月 ↓ 12月
3	0	3	2	3	2	3	3	2	3	2

表2（うるう年）

1月 ↓ 2月	2月 ↓ 3月	3月 ↓ 4月	4月 ↓ 5月	5月 ↓ 6月	6月 ↓ 7月	7月 ↓ 8月	8月 ↓ 9月	9月 ↓ 10月	10月 ↓ 11月	11月 ↓ 12月
3	1	3	2	3	2	3	3	2	3	2

表3（平年）

1月 ↓ 2月	1月 ↓ 3月	1月 ↓ 4月	1月 ↓ 5月	1月 ↓ 6月	1月 ↓ 7月	1月 ↓ 8月	1月 ↓ 9月	1月 ↓ 10月	1月 ↓ 11月	1月 ↓ 12月
3	3	6	1	4	6	2	5	0	3	5

表4（うるう年）

1月 ↓ 2月	1月 ↓ 3月	1月 ↓ 4月	1月 ↓ 5月	1月 ↓ 6月	1月 ↓ 7月	1月 ↓ 8月	1月 ↓ 9月	1月 ↓ 10月	1月 ↓ 11月	1月 ↓ 12月
3	4	0	2	5	0	3	6	1	4	6

表3、4の下段の左から9番目までに1, 2, 3, 4, 5, 6がすべてあるので、1月から10月までに少なくとも1回は13日の金曜日があることになる。

（Ⅲ）型の最後の話題として、いくつかの図を用いて次の性質が成り立つ理由を説明しよう。このような議論に慣れると、論理的思考力は相当高まることになるだろう。

性質：ここに6人がいて、どの2人に対してもお互いが知り合いの関係であるか、お互いが見知らぬ関係であるとする。このとき、お互いが知り合いの関係である3人か、お互いが見知らぬ関係の3人か、どちらかの3人は必ずいる。

たとえば6人を、A, B, C, D, E, Fとして、知り合いの関係を線で結ぶとすれば、図17の（ア）ではAとDとEが知り合いの関係の3人で、（イ）ではBとCとFが見知らぬ関係の3人となる。

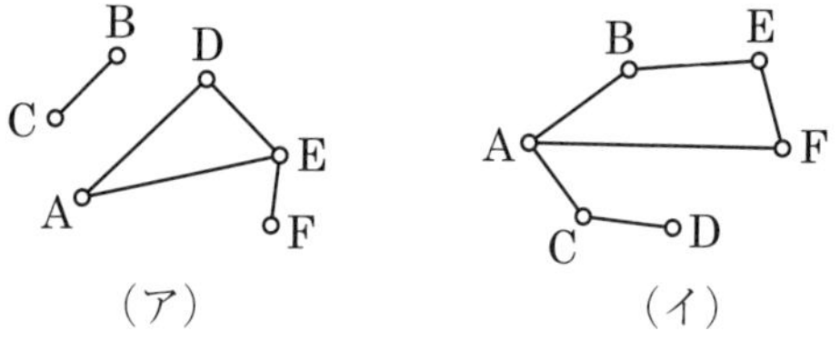

図17

それでは、この性質が成り立つ理由を説明しよう。なお、細かい論理展開は苦手だと思われる読者は、適当に読み飛ばしていただきたい。まず、知り合い同士の関係をつなげていくことによって結ばれる人たちを1つのグループにまとめると、図17の（ア）では2つのグループにまとめられ、（イ）では

1つのグループにまとめられる。いま、そのようにまとめられたグループの数が3つ以上だとする。このときは図18のように、3つのグループからそれぞれ一人ずつ選んでP, Q, Rとすれば、PとQとRは見知らぬ関係の3人となる。

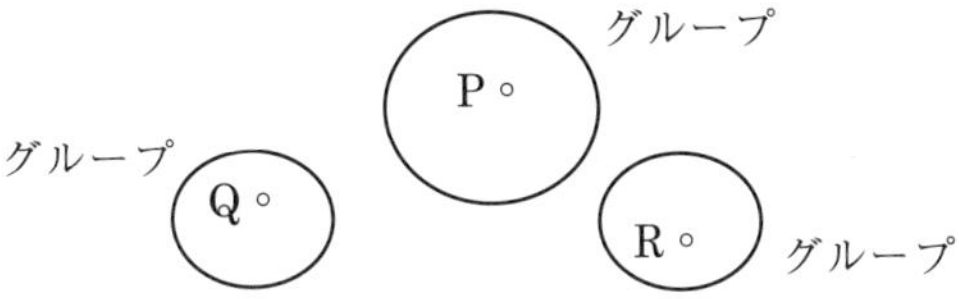

図18

次に、まとめられたグループの数が2つだとすると、少なくともどちらかのグループには3人以上いることになる。そこで、3人以上いるグループの3人をS, T, Uとして、もう1つのグループの1人をXとする。

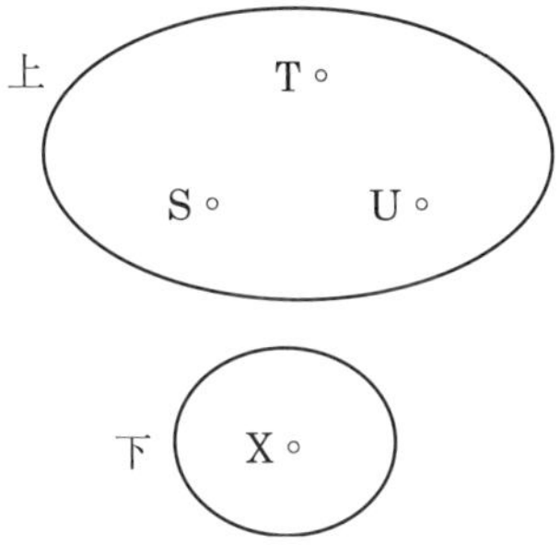

図19

この状態を図示すると図19になるが、もしSとTが見知らぬ関係ならば、SとTとXは見知らぬ関係の3人となる。そこで以後、SとTを知り合いの関係として考えることにしよう。同様にして、T と U も知り合いの関係として考えることにしてよく、S と U も知り合いの関係として考えることにしてよい。したがって、今度は S と T と U が知り合いの関係の 3 人となる。

以上から、まとめられたグループの数が 1 つだとして考えてよいことになる。もし、誰か 1 人が 3 人以上と知り合いだとして、W が K, L, M と知り合いとしよう。

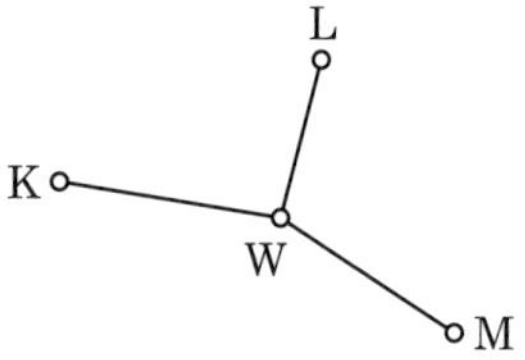

図 20

この状態を図示すると図 20 になるが、もし K と L が知り合いの関係ならば、K と L と W は知り合いの関係の 3 人となる。そこで以後、K と L を見知らぬ関係として考えることにしよう。同様にして、L と M も見知らぬ関係として考えることにしてよく、K と M も見知らぬ関係として考えることにしてよい。したがって、今度は K と L と M が見知らぬ関係の 3 人となる。

以上から、まとめられたグループの数は 1 つで、その誰もが 1 人か 2 人としか知り合いでないとして考えてよい。この場合は、6 人の関係は図 21 の（ア）または（イ）のどちらかにならざるを得ない。1 人としか知り合いでない人がいる場合は（ア）、誰もが 2 人と知り合いの場合は（イ）となる。

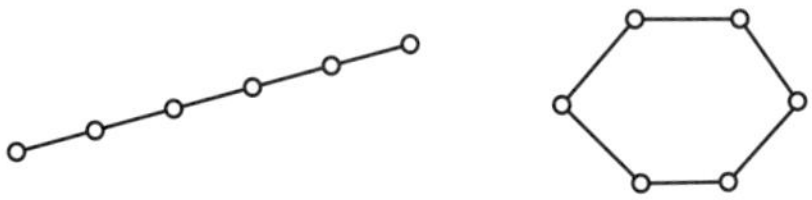

（ア）　（イ）

図 21

ここから最後の（Ⅳ）型に入ろう。天気予報で、「本日は西高東低の典型的な冬型の気圧配置で…」、「本日は太平洋高気圧に覆われた典型的な夏型の気圧配置で…」というコメントは、1 年で何回かは聞く。そのような日に、気象クラブの子供たちが天気図を描くことによって、冬型や夏型の典型的な気圧配置を視覚的にも理解することになるだろう。天気図に関してはこれ以上深入りしない。

小学校から学んできた各種のグラフについて、ここでまとめておく。棒グラフはいくつかの対象の比較、折れ線グラフはある対象の時間に伴う変化、帯グラフと円グラフは全体をいくつかに分割したものぞれぞれの割合を示すのに用いられる。さらに、帯グラフを縦に並べることによって経年変化も表し、円グラフは円の面積で量も表すことがある。

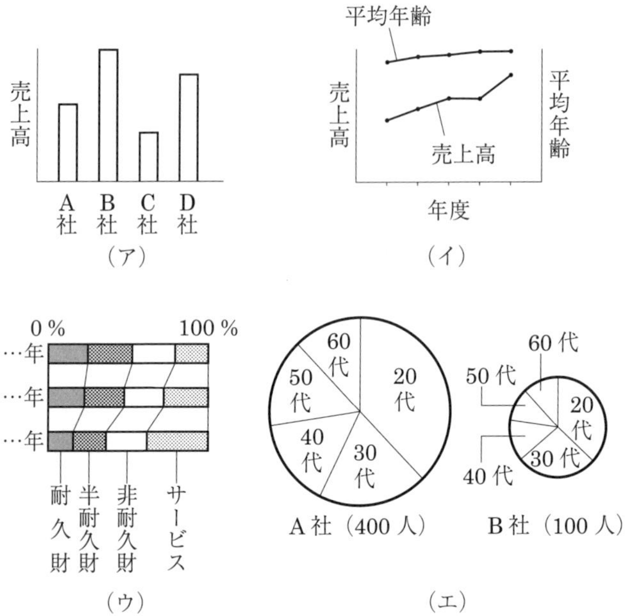

図 22

格差社会という言葉が使われているようになって久しいが、それを数字で表す代表的なものに「ジニ係数」がある。この定義は、計算式からのものと面積比からのものと2通りがある。もちろん、どちらから求めたジニ係数も同じ値になるが、後者の方が図を用いることもあってわかりやすい。4人からなる架空の国を用いて、両方の定義を紹介しよう。ジニ係数は各国の格差を示す数値であるが、会社ごとのジニ係数を求めても面白いのではないだろうか。

架空の国は4人からなり、それぞれの年収を少ない順に並べると、

200 万円、300 万円、500 万円、1000 万円

とする。それらの数字に応じて、座標平面上に次の 4 点をとると、図 23 で示されたグラフを得ることになる。

A（1, 200),

B（2, 200 + 300),

C（3, 200 + 300 + 500),

D（4, 200 + 300 + 500 + 1000)

また、(1, 0), (2, 0), (3, 0), (4, 0) をそれぞれ E, F, G, H とする。そして、O, A, B, C, D の 5 点を順に折れ線で結び、さらに一番右上の点 D と、原点 O および点 H をそれぞれ線分で結ぶ。その結果、図 24 を得る。なお、折れ線 O–A–B–C–D をローレンツ曲線という。

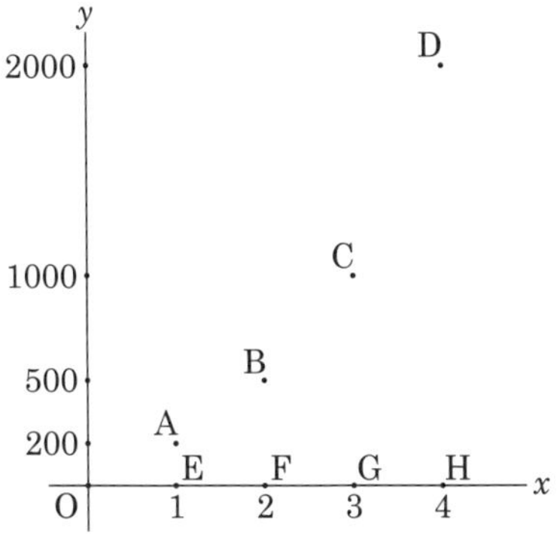

図 23

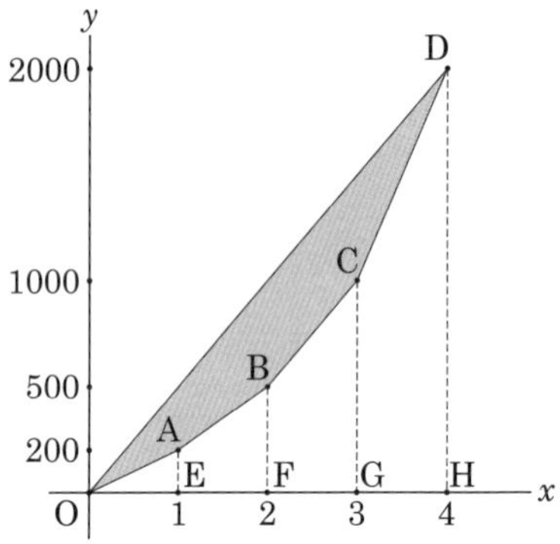

図 24

ジニ係数 g は、線分 OD とローレンツ曲線 OD との間の面積を三角形 DOH の面積で割ったものである。ここで、図 24 からジニ係数 g を求めてみると、

三角形 OAE の面積 = 100

台形 AEFB の面積 = 350

台形 BFGC の面積 = 750

台形 CGHD の面積 = 1500

三角形 DOH の面積 = 4000

となるから、

$$g = (4000 - 100 - 350 - 750 - 1500) \div 4000 = 0.325$$

を得る。よく「ジニ係数が 0.5 を超える社会は格差が大きい」と言われるが、図 24 と上で求めた g からも納得できるのではないだろうか。

ジニ係数 g の計算式からの定義は、まず構成メンバーの平均年収 m を求める。上の例では、

$$m = (200 + 300 + 500 + 1000) \div 4 = 500$$

となる。次に、各人の年収同士の差の合計 s を求める。上の例では、

$$s = (300 - 200) + (500 - 200) + (1000 - 200) + (500 - 300) + (1000 - 300) + (1000 - 500)$$
$$= 100 + 300 + 800 + 200 + 700 + 500$$
$$= 2600$$

となる。ジニ係数 g は、

$$g = s \div 構成人数 \div 構成人数 \div m$$

で与えられる。上の例では、

$$g = 2600 \div 4 \div 4 \div 500 = 0.325$$

となるが、計算式からの定義はいま一つわかり難いだろう。両方の定義が同じであることは平易に証明できるが、ここでは省略させていただく。

実際の統計分析を行っている人たちからよく聞く言葉に、「相関係数」がある。これはクラス全員の算数の成績と体育の成績、あるいは全球団の年間チーム打率と年間勝率のように、2つの対象がどの程度関係しているかを示す－1以上1以下の数値である。人間の体重と身長のように増減が同じ関係の場合は正の値をとり、同一商品の価格と販売個数のように増減が逆の関係の場合は負の値をとる。

そもそも相関係数は、2つの関係を図で表した相関図が、正の傾きの直線に近づくにつれて1に近づき、負の傾きの直線に近づくにつれて－1に近づくものである。

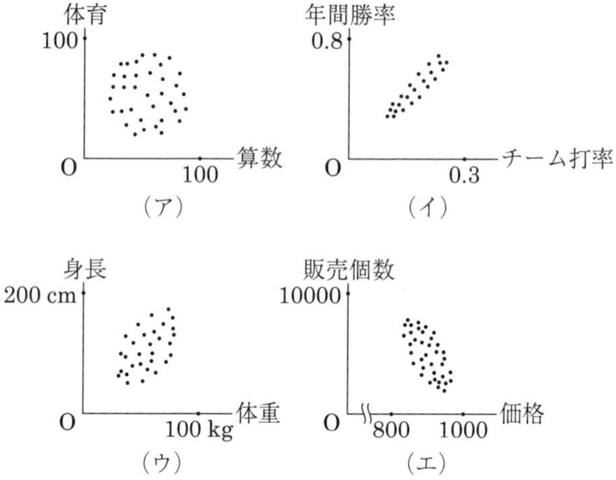

図 25

図 25 において、(ア)の相関係数は 0 に近い値をとり、(イ)と(ウ)の相関係数は正の値をとるが、(イ)の方が 1 に近い値をとる。また、(エ)の相関係数は負の値をとる。

大切なことは、まず相関図を描いて、それをよく見ることによって、何らかの傾向をつかめないか自分で考えることである。相関係数は絶対的なものではなく、たとえば相関図が放物線の状態にかなり近づいても、相関係数は 1 とか − 1 には近づかない。

とは言っても、相関図の全体の傾向を直線で表す「回帰直線」というものを求めるときなどにも、当然のように相関係数は必要となる。「どちらの相関図の方が直線の状態に近く見えるか」という議論が起これば、客観的な数値としての相関係数が必要となる。そして、実際にそれを自分で扱うことができるためには、数式による定義をきちんと理解することが必要なのである。

相関係数については著書『新体系・高校数学の教科書(下)』にいろいろ詳しく書いたので、より詳しく学びたい方は参照していただきたい。ここで、念を入れて述べさせていただくと、相関図を実際に描いて、それをよく見ることによって、何らかの傾向をつかむことが大切なのであって、相関係数は二の次の話である。

相関図と関連することで、多変量解析というものに判別分析とクラスター分析があるが、それらについてごく簡単に触れておこう。

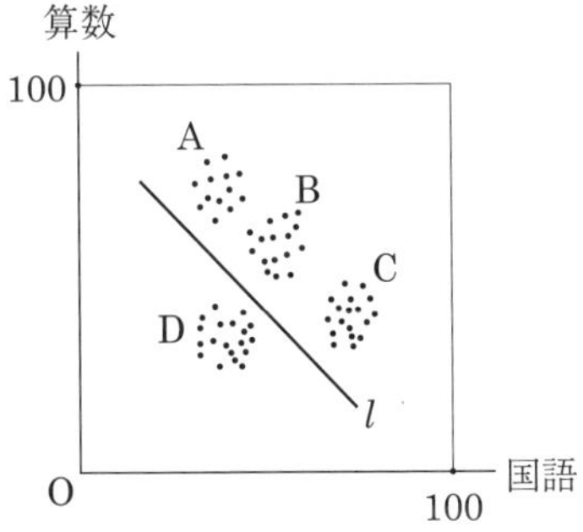

図 26

ある会社の採用試験で国語と算数のテストを行い、図 26 のような結果になったとする。まず採否に関しては直線 l によって 2 つに分け、A のグループは技術系部門に配属し、B のグループは一般事務系部門に配属し、C のグループは営業系部門に配属しようと考えたとする。直線 l のような合理的な判断を仰ぐときに参考にしたいものが判別分析で、A、B、C、D のようにいくつかのグループに分けるときに参考にしたいものがクラスター分析である。とくに、それらは相関図上の個々の点どうしの距離を元にして、それぞれの計算式を定義している。判別分析やクラスター分析も、相関図が基礎にあるのだ。

本章では（Ⅰ）型、（Ⅱ）型、（Ⅲ）型、（Ⅳ）型というように、図を描いて考えることの目的を、私自身が熟考してまとめた分類によって述べてきた。多くの読者の皆様にこの分類を理解していただければ幸いである。

6

逆向きに考える

然し非常にすぐれた人、或いは普通より少しばかり深く数学を学んだ人は、そんな（前向きに解く）心に時間を費やさないで、廻りをみ廻し逆むきにといて行く。

（『いかにして問題をとくか』62ページ）

■

国語の試験で、「次の文を読んで後の問いに答えよ」という問題はよくある。とくに問いがマークシート方式などの選択式の場合は、全文を読んでから問題を見る方式は効率的でない。受験テクニックに長けた生徒は、先に問題を見てから、次に全文を読む方法をとる。要するに質問と解答群の候補を予め見ておくことによって、全文を読み進める過程で「これだ！」と思わずうなずく箇所が見つかるのである。

山頂がなかなか見えない登山はよくある。そのような場合でも、頂上直下の崖に大きな岩や木があり、必ずその付近を通って頂上にたどり着くようになっているとき、登山者はその岩や木を目印にして歩くことがある。

登山の話題は、ビジネスにも置き換えて言うことができる。仕事で目標とする大きな課題があり、それに向かうさまざまなアプローチが考えられる場合、その課題を成し遂げるためには、どうしても〜を達成しておく必要がある状況は少なくないだろう。最終目標の課題は難しいように思われても、〜ならば努力によって達成可能であるならば、当面の目標を〜にして頑張ればよいのである。

上で述べた事柄をまとめると、何らかの結論や目標に向かって考えたり行動するとき、結論や目標から「逆向きに考える」ことも解決に至る一つの有効な方法となり得る、ということである。以下、生活やビジネスでのヒントとなる例をいくつか紹介しよう。

多くのビジネスマンによって出張はつきものである。新幹線で東京と新大阪間を行き帰りするだけでなく、遠くの地方まで出掛けることも少なくないだろう。A 地点から B 地点までは新幹線、B 地点から C 地点までは主要在来線、C 地点から目標地の D 地点まではローカル線だとする。D 地点に午後 1 時までに到着しなければならないビジネスマンは、とりあえず時刻表で列車時刻を調べる。そのとき、次のような旅行計画の経験はないだろうか。

A を朝 7 時発の新幹線に乗ると B には 9 時に着いて、B を 9 時 10 分発の在来線特急列車に乗ると C には 10 時に着き、C を 10 時 5 分発のローカル線列車に乗ると D には 10 時半に着く。これでは早く着いてしまうので、A を朝 9 時発の新幹線に乗ると B には 11 時に着くが、ここからの接続が悪い。B を 11 時半発の在来線特急列車に乗ると C には午後 0 時 20 分に着き、C を 0 時 45 分発のローカル線列車に乗ると D には 1 時 10 分に着く。…等々。

このような旅行計画では、午後 1 時より前に D に着く最後のローカル線列車の到着時刻から逆に調べるとよい。たとえば、午後 0 時 30 分に D に着くローカル線列車があり、その列車は C を 0 時 5 分発である。C にその前に着くためには、C に午前 11 時半に着く B を 10 時 40 分発の在来線特急列車がある。B にその前に着く新幹線を調べると、B に 10 時 20 分に着く A を 8 時 20 分発の新幹線があり、結論としてその新幹線に乗ればよいことになる。

上で述べた列車時刻を調べる課題は、それに限るものではない。～日までに終わらせる作業計画とか、～時までに終わらせる作業計画を考えるときなども、一連の作業の最後から逆向きに調べていけばよいのである。

図 1

21 世紀になって間もない頃、日本には約 1000 万匹のワンちゃんがいるという推定結果を厚生労働省が発表した。当然、その算出方法に目を向けたが、ペットショップで売買した犬の総数から求めたのではない。近所で生まれた子犬をもらったり、捨て犬を育てたりしている場合なども多分に考えられるので、そのような数では実際の数は把握できない。厚生労働省が推定に用いた数量は、ドッグフードの消費量であった。もちろん、犬はドッグフード以外のものも食べるだろうが、それに比の概念を用いて推定量を算出したのである。

上で述べた犬の総数の話題は、それに限るものではない。たとえば、ある飲食店は領収書を発行した客と発行しない客の 2 つに分け、後者の方の売上分を相当チョロまかしていたとする。表向きの明細書ではそれなりに説得力をもっていたが、脱税を疑った者が調べたものは、出入りしているおしぼり業者の取引量である。どの客にも 1 つのおしぼりを出していたので、実際に使われたおしぼりの数から実際に入店した客のおよその人数を把握できるのである。

ここで、図形的な話題として簡単な迷路を紹介しよう。図 2

において、入口から目的地にたどり着く道順を考えてもらいたい。

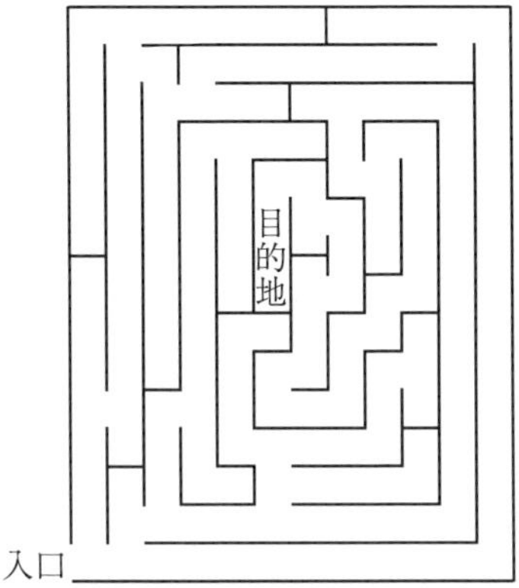

図 2

直ぐに道順は見つかるものであるが、一般に迷路は入口から正直にたどって行くよりも、目的地から入口に向かう方が早く解決するのである。それは、入り口からの行止りの道は、しばらく進まないと行止りにならないように作られている一方で、目的地から逆向きにたどる道にはそのような配慮がない場合が多いからである。

上の迷路を江戸時代の武家屋敷だと考えてみると、当時は航空写真などはないので、入口から目的地まで侵入しようとする賊にとっては難解な造りになっていると言えよう。屋敷の側からすれば、賊の侵入を許さないためにさまざまな工夫を凝らしているはずで、行止りの場所で落とし穴などがあったかも知れない。

人間でなくても動物であっても、左に行って行止りになれば、右に行くだろう。引戸についても、右方向に動かないならば左方向に動かすだろう。普通の扉ならば、前方に押して動かなければ手前に引いてみるだろう。それらは半ば本能的に動いているとも言えるが、逆向きに考えているのである。

忍者屋敷を訪ねてみるとわかるが、侵入者が迷うようなさまざまな仕掛けがある。2 カ所に並んだ同じように見える木の桟で、一方は簡単に外れても他方は外れないもの。扉の中央から少しずれた場所に回転させる桟が縦に入っていて、左を押した次は右、右を押した次は左を押さないと、隣接した柱が邪魔になって扉は回転しないもの（図 3 参照)、等々。

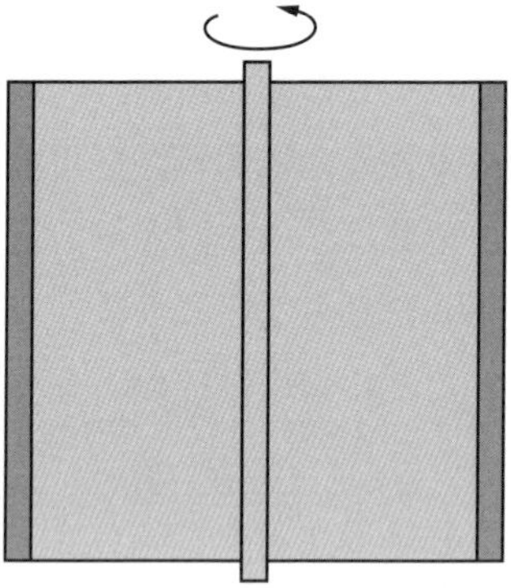

図 3

それらは 1 つの仕掛けが確率 $\frac{1}{2}$ で通過できるようになっているとしよう。2 つの仕掛けを失敗なしに通過する確率は $\frac{1}{4}$、3 つの仕掛けでは確率 $\frac{1}{8}$、4 つの仕掛けでは確率 $\frac{1}{16}$、…というようになっているので、侵入者は全部を失敗なしに通過するのは困難である。その間に屋敷の住人は、侵入者から逃げたり反撃したりする時間を稼ぐのである。

そのように、相手側は逆向きに動くことを前提として対策を考えるものもある。実際、難しい迷路では、挑戦者は当然のように目的地から入口にたどる道順を探すという前提で、問題を作ることがある。

世の中にはギャンブルなどについての怪しい予想屋さんが少なからずいる。競馬の予想屋さんの広告に注目してみると、過去の戦績には不思議な特徴に気づくことがある。最終的には勝ち負けの数が接近していても、必ず勝ちが先行しているのである。それゆえ戦績上では投資金額が途中で不足することもなく、最終的な収支は大きくプラスになる。初めのうちに負けが先行するようなことになると、投資金額が底をつく事態になってしまう。予想屋さんが次のように言ったとしよう。

「ワシの予想は正直に言うと、当たったり外れたり、まあ確率 $\frac{1}{2}$ というもんですわ。この戦績表にも書きましたが、ある期間の 40 戦について、勝敗の結果は 22 勝 18 敗でした。でも最終的な収支は、ホラ、投資金額の 10 倍ですよ、10 倍！」

しかしながら、その戦績表では期間中のどんな時点でも、のべ勝ち数がのべ負け数を常に上回っていた。

確率 $\frac{1}{2}$ の勝負事で、結果は 22 勝 18 敗とする。その結果を前提にして、どの時点でものべ勝ち数がのべ負け数を常に上回っていたとする過程をたどる確率は求められないだろうか。これは、結果から逆向きに経過を捉える確率を考えることであり、普通の確率計算とは逆の見方である。

結論を先に述べると、その確率は 0.1 すなわち 10 %しかないのである。この説明の本質部分にはグラフ上で考える面白い発想があり、途中の組合せの数の計算は本質的なことではない。そこで、この面白い発想に照準を当てるように、その確率の求め方を概略的に説明してみよう。

まず、1 勝を＋1(ポイント)、1 敗を－1(ポイント)として、第 x 戦までの累積ポイントを y で表すことにする。たとえば、第 1 戦で負け、第 2 戦で勝ち、第 3 戦で勝ち、第 4 戦で勝ち、第 5 戦で負け、第 6 戦で勝ち…とすると、そこまでの結果は表 1 のようにまとめられる。なお、第 0 戦は開始直前の状態である。

表 1

第 x 戦	0	1	2	3	4	5	6	…
累積ポイント y	0	－1	0	1	2	1	2	…

表 1 をグラフにすると図 4 になる。

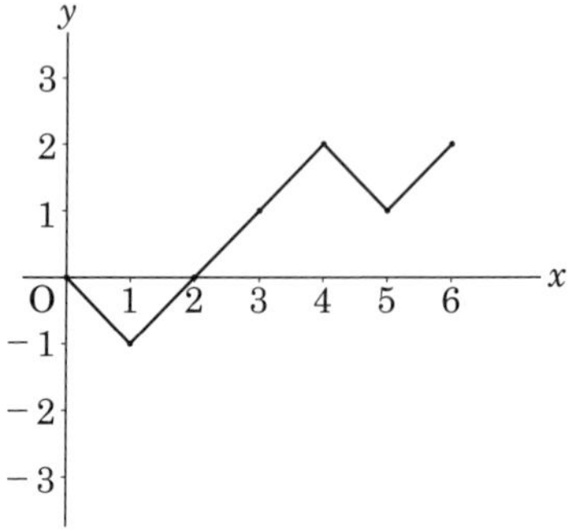

図 4

40 戦を通しての戦績が 22 勝 18 敗ということは、22 から 18 を引くと 4 になるので、40 戦目に x 座標が 40、y 座標が 4 となる点 B に到達することになる。さらに、第 40 戦までの戦績を図 4 のような折れ線にして描くと、勝ちが先行するという条件から出発点の原点 O 以外では x 軸を通らないことになる。したがって、第 1 戦は絶対に勝つことになり、x 座標が 1、y 座標が 1 となる点 A は必ず通らなくてはならない。以上から、戦績を表す折れ線グラフは図 5 のようになる。

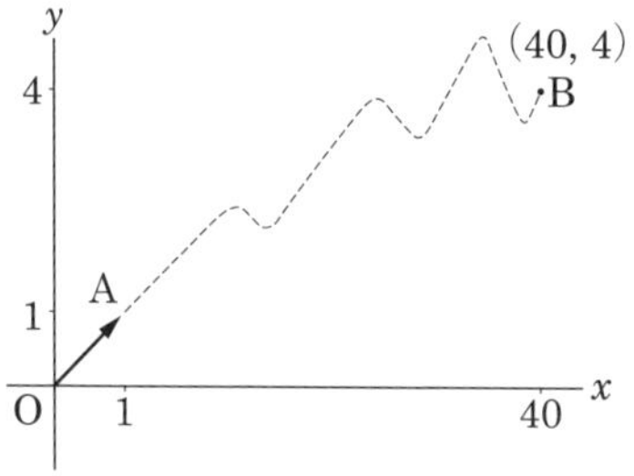

図 5

求める確率は次のように計算できる。O から B に至る可能なすべての折れ線の本数を□とし、O から A を経由して B に至る可能な折れ線全部のうち、x 軸を通らないものの本数を△とするとき、

$$\text{求める確率} = \frac{\triangle}{\square}$$

である。ただし、可能な折れ線とは、図 4 に示した折れ線のように、x が 1 増えるごとに y が 1 増えるか 1 減るか、そのどちらかの状態を保って変化する折れ線のことである。

なお、OからBに至る可能なすべての折れ線は、どれも同じ確率であることに注意する。

上記の計算を行うとき、一番難しい部分は、OからAを経由してBに至る折れ線のうち、x 軸を通るものの本数☆を求めるところである。実はこのような折れ線を考えるとき、最初に x 軸とぶつかる所までを、図6のように x 軸に関して対称にひっくり返してみる。すると、x 座標が1で y 座標が－1となる点Cを必ず通過することになる。

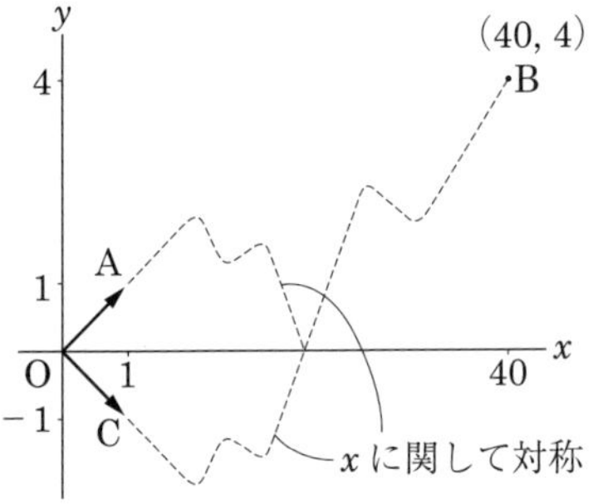

図6

したがって本数☆は、0からCを経由してBに至る可能なすべての折れ線の本数と等しくなる。ここが面白い発想の部分であり、それを用いて求める確率が0.1と等しくなることがわかる。

ちなみに、数学に詳しい読者のために説明すると、${}_nC_r$ を n 個から r 個をとる組合せの数とすれば、

$$\square = {}_{40}C_{22}, \quad ☆ = {}_{39}C_{22}, \quad \triangle = {}_{39}C_{21} - {}_{39}C_{22}$$

である。数学の問題にチャレンジしてみようと思う読者は、こ

れらを導いてみると面白いだろう。

いずれにしろ、結果から逆向きに捉える確率計算を行うことにより、予想屋さんは確率0.1の現象を、わりと1に近い確率で起こっているように言っていることがわかる。

最後の例は、年度末の予算消化の話題である。予算は次年度に繰り越すことができないばかりか、予算の一部を残して当該年度が終了すると次年度の予算が削られる恐れもあることから、予算の残高は3月末にぴったり0円という偶然が多々ある。それを裏づけるかのように、年度末が近づくとあちらこちらで、「現在の残高は～円だから、適当なものを上手に購入して残高はぴったり0円になるようにせよ」という指示があると聞く。

このような指示は日頃の買い物と違って、残高から購入する物品を決定するのであり、明らかに逆向きに考える発想である。購入担当者にとって頭が痛いのは、中途半端な予算が残っているために残高をぴったり0円にするような物品の購入が決められない場合である。そのような状況のときに参考になりそうな整数の性質を一つ紹介しよう。

性質：aとbはともに2以上の整数で、互いに素（共通な約数は1しかない）とする。このとき、$a \times b - a - b$より大きいどんな整数も、

$$a \times m + b \times n \quad (m \text{と} n \text{は0以上の整数})$$

の形で表すことができる。なお$a \times b - a - b$は、この形で表すことはできない。

たとえば、a を 5、b を 7 とすると、

$$5 \times 7 - 5 - 7 = 23$$

なので、24 以上のどんな整数も

$$a \times m + b \times n$$

の形で表すことができる。たとえば 24, 25, 26, …は、

$$5 \times 2 + 7 \times 2 = 24$$
$$5 \times 5 + 7 \times 0 = 25$$
$$5 \times 1 + 7 \times 3 = 26$$
$$\vdots$$

と表すことができる。

実際の予算消化の場面に話を置き換えると、残高が 24 万円で、購入しても不自然に思われない 2 つの物品の価格が 5 万円と 7 万円としよう。以下の話は万円の単位で述べる。このときは、それぞれ 2 個ずつ購入すればよい。残高が 25 万円ならば 5 万円の物品を 5 個購入し、残高が 26 万円ならば 5 万円の物品を 1 個と 7 万円の物品を 3 個購入すればよい。もし、その残高が 23 万円の場合は、5 万円と 7 万円の物品をどのように組み合わせても合計金額は 23 万円にならないので、他の物品の購入を検討しなくてはならないことになる。

上の性質で、a と b は共通な約数が 1 しかない整数であったが、たとえば 25 と 35 のように、公約数（共通な約数）に 1 より大きい数がある場合は、a と b の最大公約数で割って上の性質を適用し、後で最大公約数を掛ければよいのである。具体的に、購入しても不自然に思われない 2 つの物品の価格が 25 万円と 35 万円としよう。この場合も万円の単位で述べる。このときは、それぞれ 5 で割った 5 万円と 7 万円について考え、

後で 5 を掛ければよい。

$$23 \times 5 = 115 \text{（万円）}$$

の買い物はできないが、

$$24 \times 5 = 120 \text{（万円）}$$

$$25 \times 5 = 125 \text{（万円）}$$

$$26 \times 5 = 130 \text{（万円）}$$

の買い物は、25 万円と 35 万円の物品をミックスすればできるのである。

上で紹介した整数の性質は、a と b の 2 個でなく、a と b と c の 3 個のように拡張していくことは可能である。しかしながら、そこまで述べると本書の方針を脱線するので、これ以上は述べない。なお上の性質を証明するとき、整数に関して重要な定理を用いている。

それは著書『新体系·高校数学の教科書(上)』にもきちんと書いたが、a と b はともに 2 以上の整数で互いに素（共通な約数は 1 しかない）とするとき、

$$a \times m + b \times n = 1$$

となる整数 m と n が存在することである。ここで m と n のどちらか一方は正の整数で、他方は負の整数である。

算数の文章問題の学習においても、英文和訳・和文英訳と同じように、文章を数式にして解くばかりでなく、数式から文章問題を作ることがさらなる学力アップにつながる。人数や物の個数を求める文章問題では、答えが 0 以上の整数にならないと矛盾であり、そのような体験を通して知恵がつくのである。

7

一般化して考える

一般化は１つの対象についての考察からその対象を含む集合の考察へうつってゆくことである。あるいは又制限された集合からその集合を含むもっと大きな集合の考察にうつることである。　（『いかにして問題をとくか』82ページ）

●

最初に、本章「一般化して考える」、8章「特殊化して考える」、9章「類推する」はまとめて捉えると理解しやすいことを述べておく。本章と次章はちょうど逆の関係であることはわかるだろう。それらは、上下の関係だと考えられる。それに対して9章は、同じレベルの似た問題を思いつくような左右の関係だと捉えられる。

1970年代前後に、「人間の感性の位相は…」とか「知の基底を固定して考えると…」などというような奇妙な表現が流行ったときがあった。当時、私は「それらの言葉は相手を黙らせる効果はあるものの、実態は位相だの基底だのといった数学用語をごちゃごちゃに混ぜて頓珍漢な表現をしているだけであって、決して抽象化とか一般化といった類のものではなく、21世紀の時代にはなくなっている表現だろう」と考えていたことを懐かしく思い出す。

実際、そのようなわけのわからぬ言葉遣いに酔いしれる時代は過去のものとなったが、『国語辞典』(岩波書店)による以下の説明を読むと、抽象化や一般化という言葉自体も気軽には使えないように思われる。それは、抽象化や一般化という言葉を数学以外の世界で用いるときは、少なからずある例外の存在を気にするからである。

【抽象】多くの物や事柄や具体的な概念から、それらの範囲の全部に共通な属性を抜き出し、これを一般的な概念としてとらえること。

【一般】特殊の物・事・場合に対してだけでなく、広く認められ成り立つこと。

汚職や背任などに何らかの形で関係した偉い立場の人が、自らの問題ある行為が明るみに出て社会問題になると、よく「世間をお騒がせして誠に申し訳ない」と発言する。「不正行為を行ったことに対してお詫びします」とだけ言えば済むことである。世間を騒がせたことまで一般化して述べられると、「それならば、オリンピックで大活躍して金メダルをとった選手はどうなるんだ」と一言述べたくもなるだろう。

上の例は極端なものであるが、たまにテレビなどで「…という特徴をもっている人の性格は〜なんだって。これは心理学の研究の結果です」という出演者のコメントを聞く。このようなコメントを聞く度に思うことであるが、心理学の研究結果には「有意水準５％で」というような但し書きがつく。これは、「そのように断定してもそれが誤ってしまう確率は、集めたデータからは５％以下といえる」という意味である。それを、たとえば５章で用いた直角三角形に関する「三平方の定理」のように、どんな直角三角形についても 100％成り立つ性質と同じように発言したり解釈しては、トラブルの元になるだろう。要するに同じ「一般化」という言葉であっても、数学の世界で用いることと人間社会を見る立場とでは自ずと用法は異なるのであり、本書ではその違いがあることを一々断らないで話を進めている。

人それぞれの人生があり、人間は経験を積むことで多くの教訓を得る。私自身も、そのようなものでとくに大切に残しておきたいものを「人生の定理」として書き残している。それらをいくつか紹介するが、各人が自分自身の「人生の定理」をまとめておくと、それらに含まれる事象にめぐり合ったときの対処が簡単に済むだろう。

一つは、「良い」と「悪い」は両方あって成り立つ言葉である。よく、「俺の人生、良いことなんか一つもない」と、飲み屋でこぼしている人がいるが、良いときがあるから悪いときがあり、悪いときがあるから良いときがあるのだ。これは、「面白い」と「つまらない」なども同じであろう。

一つは、「都合」とは、生きている限り選択の問題である。よく、「今日、急に都合が悪くなっちゃったの」と言われてガックリしている人を見掛けるが、早い話がそれを伝えた人は、約束の時間帯に他の選択をしただけのことである。それを過剰に反応して、「自分はダメだ」とか「自分は誰にも相手にされない」と思うのではなく、「自分自身が選択されるときもある」と思い直したいものである。

一つは、「好材料」と「悪材料」の反応で傾向はわかる。株式相場の長期トレンドと個々の銘柄の動向を見比べるとわかるが、全体が上昇時のときは好材料に反応し、悪材料にはあまり反応しない。反対に、全体が下降時のときは悪材料に反応し、好材料にはあまり反応しない。学校や企業などの個々の組織に関しては、トップに好材料と同時に悪材料も伝わる組織は一般に力強く成長していて、トップに好材料は伝わるものの悪材料が伝わらなくなった組織には注意信号が点滅している。これは、飲食店やスポーツクラブなどの小規模な組織についても、苦情用紙がある店には苦情が少なく、苦情用紙がない店には苦情が多い、とも言えよう。

一つは、世の中に難しく説明すべきものはない。次の二つの文を見ていただきたい。

（例文A）

「投手は内角高めの直球で2ストライクを取りました。勝負玉を対角線の位置の外角低めの変化球にすれば、打者は三振か内野ゴロでしょう。」

（例文B）

「yを2のx乗と定める指数関数とする。この関数は実数全体から正の実数全体の上への1対1写像ゆえに、逆関数が定義できる。それを底を2とする対数関数という。」

2つの例文は、それなりに正確な表現で説き明かしている。しかし、どれだけの人たちが納得するのだろうか。いわゆる「わかっている人だけがわかる解説」というものである。およそ「説明」の対象は、わかっていない人を中心にすべきであって、わかっている人に対しては、せいぜい説明方法の紹介程度である。すなわち、1人でも多くのわかっていない人に納得してもらえるように、さまざまな努力をすることが大切なのである。

そこで2つの例文について、なるべく相手を納得させることを意識した「説明」に書き換えてみよう。図1はそれぞれの説明を補足するものである。

（例文Aの書き換え）

「打者は、自分の顔に近い内角高めの直球で2ストライク目を取られました。その時打者の意識は主に、その近辺のボールを素早く打ち返すことにあります。そこで投手は、打者の意識にあるコースとタイミングを両方とも狂わすことを狙って、顔から最も遠い外角低めに遅い変化球を投げれば、打者を三振か内野ゴロに仕留められるでしょう。」

（例文Bの書き換え）

「yを2のx乗と定めた関数とすると、xが3のときは2を3回かけてyは8になり、xが4のときは2を4回かけてyは16になり、xが5のときは2を5回かけてyは32になる。この関数は3を代入すると8、4を代入すると16、5を代入すると32がそれぞれ出る関数である。実は、これを逆にする関数が考えられる。8を代入すると3、16を代入すると4、32を代入すると5がそれぞれ出る関数である。この関数を、底を2とする対数関数という。」

難しいことを難しく説明することは簡単である。しかしそれは、本当の「説明」ではないのだ。

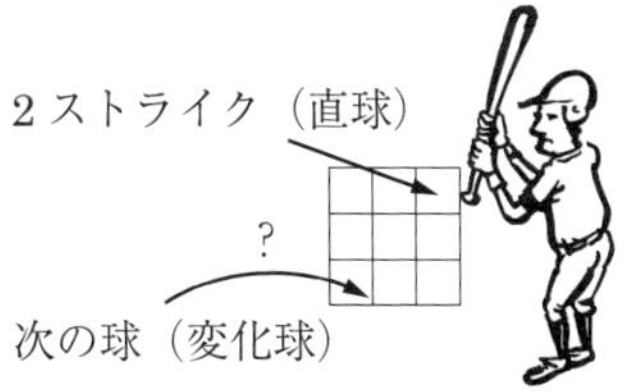

（ア）

x　　y

$3 \longleftrightarrow 8\ (=2\times2\times2)$

$4 \longleftrightarrow 16\ (=2\times2\times2\times2)$

$5 \longleftrightarrow 32\ (=2\times2\times2\times2\times2)$

（イ）

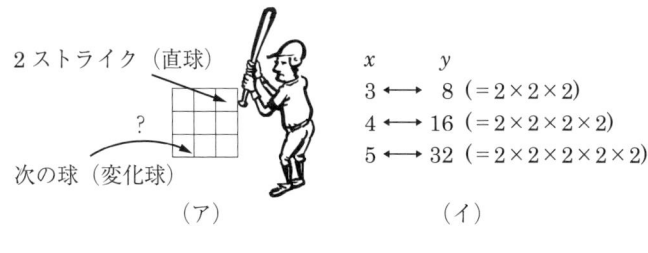

図1

紀元前1万5000年～紀元前1万年頃の旧石器時代の近東には、動物の骨に何本かの線を切り込んだものがあった。それらの切り込みは、特定の具体的事柄の個数に関係していたようである。その後、紀元前8000年頃から始まる新石器時代の近東では、さまざまな形をした小さな粘土製品の「トークン」というものがあった。1壺の油は卵形トークン1個で、2壺の油は卵形トークン2個、3壺の油は卵形トークン3個というように、一つひとつに対応させる関係に基づいて物品を管理していた。重要なことは、当時は個々の物品それぞれに対応するトークンがあったことである。すなわち、同じ形のトークンで異なる物品を管理することはなかったのである。ところが、イラクのウルクで出土した紀元前3000年頃の粘土板には、5を意味する5つの楔形の押印記号と羊を表す絵文字の両方が記されたものが見つかっている。これは5匹の羊を意味するが、数の概念が個々の物品の概念から独立したことを表しているのであり、一般化して考えることができる「整数」の萌芽を意味している。私はこの一般化こそが「人類史上で画期的な一般化」と考える（『文字はこうして生まれた』デニス・シュマント=ベッセラ著、小口好昭・中田一郎訳、岩波書店 参照）。

上で述べた整数の萌芽と比べれば小さい一般化かもしれないが、鶴亀算、旅人算、仕事算、植木算などの個々別々の算数文章題にある解法を、方程式としてまとめて解くことは、これも意義のある一般化である。それを納得できる例題を 2 つ挙げよう。方程式の意義を改めて学んでいただければ幸いである。

【例題 1】 長さの差が 25 cm ある 2 本の棒を池の底に届くまで水面に垂直に立てると、短い棒は $\frac{2}{3}$ が水に浸かり、長い棒は $\frac{3}{5}$ が水に浸かった。水面から池の底までの深さを求めよ。

算数による解法。池の深さを 1 とすると、短い棒は

$$\left(1-\frac{2}{3}\right)\div\frac{2}{3}=\frac{1}{2}$$

長い棒は

$$\left(1-\frac{3}{5}\right)\div\frac{3}{5}=\frac{2}{3}$$

が、それぞれ水面の上に出る（図 2 参照）。そこで、$\frac{2}{3}$ から $\frac{1}{2}$ を引いた結果である $\frac{1}{6}$ が 25 cm に相当するので、

$$池の深さ = 25\div\frac{1}{6}=150\ (\mathrm{cm})$$

となる。

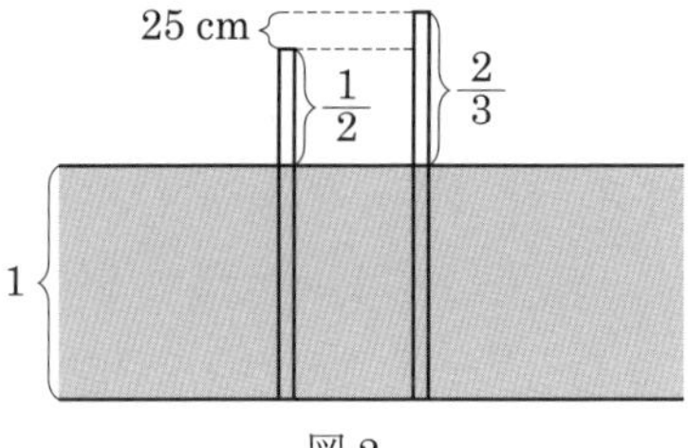

図 2

方程式を用いた解法。短い棒の長さを x（cm）とすると、長い棒の長さは $x+25$（cm）である。題意より、

$$x \times \frac{2}{3} = (x + 25) \times \frac{3}{5}$$

となるので、両辺を 15 倍して解くと、

$$x \times \frac{2}{3} \times 15 = (x + 25) \times \frac{3}{5} \times 15$$

$$x \times 10 = (x + 25) \times 9$$

$$x \times 10 = x \times 9 + 225$$

$$x \times 10 - x \times 9 = 225$$

$$x = 225$$

を得る。よって、

$$\text{池の深さ} = 225 \times \frac{2}{3} = 150\ \text{(cm)}$$

となる。

【例題 2】 A さんは 1 カ月に 1000 個の製品を作る。きちんと完成した分は 1 個について 300 円もらうが、途中で失敗した分は 1 個について 1500 円の材料費を雇い主に支払う約束で仕事をして、1 カ月に 24 万 6000 円の報酬を得た。A さんが失敗した個数を求めよ。

算数による解法。A さんは一つも失敗せずにすべて完成させると、

$$300 \times 1000 = 300000\ \text{(円)}$$

の報酬になる。それと実際の差額は、

300000 − 246000 = 54000（円）

である。A さんは失敗した製品 1 個について、

1500 + 300 = 1800（円）

の損をすることになる（図 3 参照）。そこで

54000 ÷ 1800 = 30（個）

を途中で失敗したことになる。

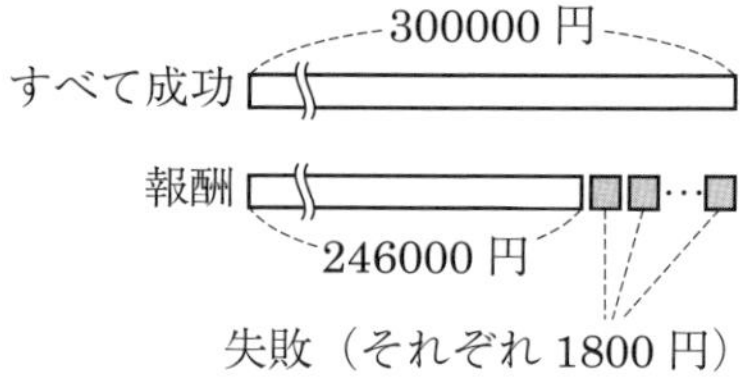

図 3

方程式を用いた解法。失敗した製品の個数を x とすると、完成した製品の個数は $1000 - x$ である。題意より、

$$300 \times (1000 - x) - 1500 \times x = 246000$$

となるので、これを解くと、

$$300 \times 1000 - 300 \times x - 1500 \times x = 246000$$

$$300000 - 246000 = 300 \times x + 1500 \times x$$

$$54000 = 1800 \times x$$

$$x = 54000 \div 1800 = 30$$

を得る。よって、A さんは 30 個を途中で失敗したことになる。

例題 1, 2 のような問題ならば算数でも解くことができたが、次の例題 3 はどうだろうか。

【例題 3】 あるコーヒー豆店では、3 つのブレンド豆パック (A)、(B)、(C) のみを売っている。それらはモカマタリ、キリマンジャロ、マンデリンからつくられており、それぞれ各 1 パックあたり次のように含まれている。

表 1

	(A)	(B)	(C)
モカマタリ	100g	100g	100g
キリマンジャロ	200g	0g	100g
マンデリン	100g	200g	0g

また、(A) は 700 円、(B) は 500 円、(C) は 400 円である。いま、この店では、モカマタリ、キリマンジャロ、マンデリンはそれぞれ 6 kg、5 kg、5 kg の在庫がある。それらを使ってブレンド豆パックを作るとき、総売り上げが最大になるようにするには、(A)、(B)、(C) をそれぞれ何個ずつ作ればよいか。なお、作ったブレンド豆パックはすべて売り切れるものとする。

まず、(A) を x 個、(B) を y 個、(C) を z 個作るとすると、次の不等式が成り立つ。なお $a \leqq b$ は、b は a 以上の意味である。

$$
(*)\begin{cases}
100 \times x + 100 \times y + 100 \times z \leqq 6000 \text{（モカマタリの在庫）} \\
200 \times x + 100 \times z \leqq 5000 \text{（キリマンジャロの在庫）} \\
100 \times x + 200 \times y \leqq 5000 \text{（マンデリンの在庫）} \\
x, y, z \text{ は } 0 \text{ 以上}
\end{cases}
$$

この条件のもとで、

（☆）$700 \times x + 500 \times y + 400 \times z$（円）

を最大にする x, y, z を求めればよい。

このような問題を算数で解くのは困難だろう。著書『新体系・高校数学の教科書（下）』に書いたが、空間図形における平面の方程式の考え方を用いると解くことができ、解は

$x = 10, \quad y = 20, \quad z = 30$

となる。ここで、条件（＊）における数式に注目すると、どの式も x, y, z について $x \times x$ とか $x \times y$ とか $y \times z$ のような、文字同士の掛け算がない。すなわち、どの式も 1 次式に関する不等式なのである。そして、その不等式の範囲内で 1 次式（☆）の最大値（あるいは最小値）を求める問題になっている。一般に、このような問題の解法を線形計画法という。

線形計画法には、「単体法」という有力な解法があり、それを用いるとこの種の問題の解は、変数の個数が万の単位になっても計算機を用いると直ぐに求めることができる。線形計画法は、生産や輸送に関する合理的な計画立案から研究が始まり、一般化した解法の単体法が確立したのは1947年のことである。

数学は、抽象化や一般化によって発展してきた側面をもつのである。

8

特殊化して考える

ある事象の集合に関する考察から、それらに含まれるそれより小さい集合、又はその中の１つの事象について考えることを特殊化という。問題をとくときに特殊化はしばしば有効である。　（『いかにして問題をとくか』208 ページ）

▲

最初に図 1 を見ていただきたい。図 1 の外側は 1 辺が 2 cm の正方形で、それに内接する円に内接する正方形の面積を求める問題である。

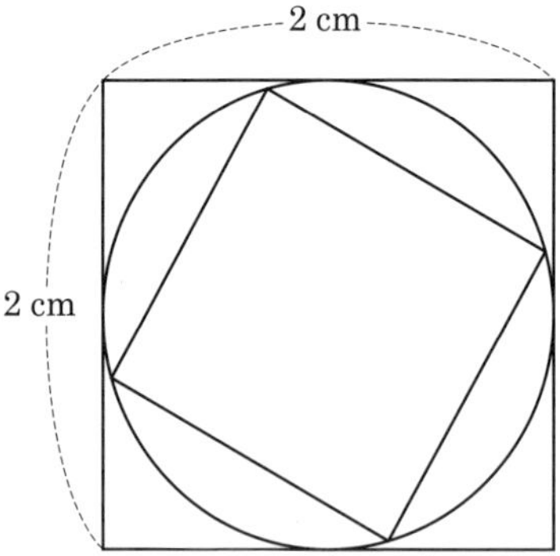

図 1

この問題は、数学科の学生でもなかなか解けない者もいる反面、瞬時に解いてしまう小学生もいる。図 2 を見ていただければ、内側の正方形の面積は外側の正方形の面積の半分であることがわかるだろう。したがって、答えは 2 cm^2 になる。

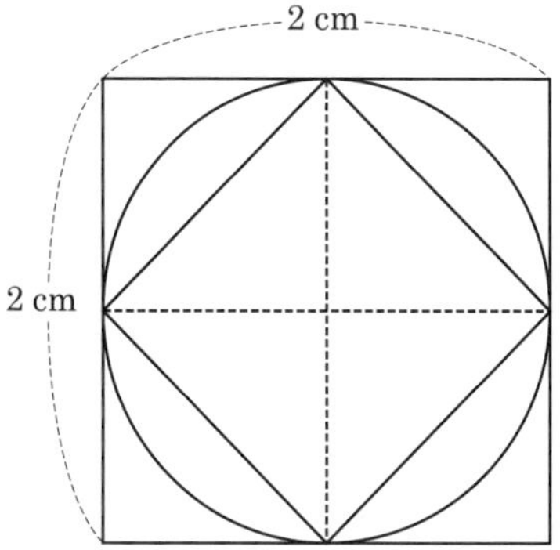

図 2

上の問題は、内側の正方形を少し回転させて特別な位置に動かしただけで解決したのである。

似た問題をもう一つ紹介すると、図 3 の外枠の大きな長方形の土地から内側の道路部分を除いた面積を求めるものである。これは、左右の道路を下に下げ、上下の道路を右に移すと、縦 10 m、横 20 m の長方形の面積を求めればよいことがわかり、答えは 200 m^2 となる。

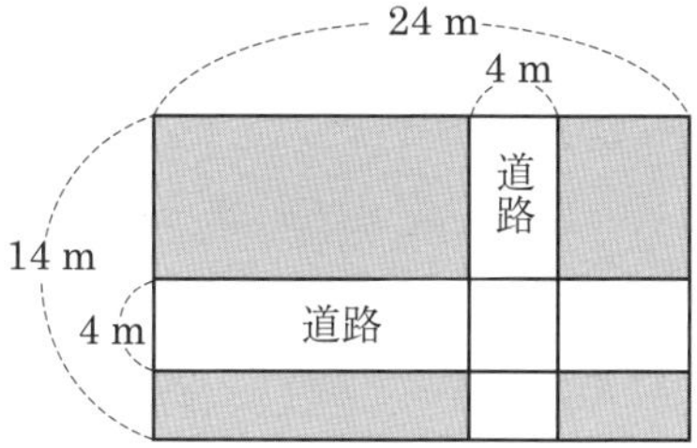

図 3

4章で、マークシート問題の裏技として

$$(n+2)^2-2\times n-1=\square$$

の答え□を求める問題を紹介した。n に具体的な0を代入すると、答えの3が見つかったのである。

良し悪しは別として、上で紹介したことは問題を特殊化して解決している。この特殊化の発想は、実は他人にものごとを説明するときにも、「例示」として大いに役立つ。相手が理解する上で効果的な具体例を挙げられるセンスを身につけることが、とくに指導的な立場の人たちには求められている。そこで、気軽な会話と数学指導の例によって考えてみよう。

次の4つの例文を見ていただきたい。

「眠っているとき、外で大きな音が突然鳴ると不快に感じる。たとえば自動車のクラクションなどだ。」
「目標を達成してほっとしたときは、注意が必要だ。たとえば大仕事を終えたときに、風邪をひきやすい。」
「A政党は金権腐敗している。たとえばそれに所属するB代議士はワイロをもらった。」
「プロ野球選手は記憶力がいい。たとえばC選手は、一度会っただけなのに私の名前を覚えてしまった。」

この4つの「たとえば」について、前の2例は「たとえば」によって伝えたい内容は一般的に成り立つことが想像できる。これに対して後の2例では伝えたい内容が一般的に成り立つことを想像するには無理がある。前者を「全体想像タイプ」、後者を「単純一例タイプ」と呼ぶことにする。

主張を否定するときに用いる反例は単純一例タイプでよいが、肯定的な主張を展開するときはなるべく全体想像タイプの「たとえば」を用いることが望ましい。そして単純一例タイプしか思いつかないときは、複数の例を挙げたいものである。

中学2年生で連立方程式を学ぶが、そのときの指導例を2つ示し、後でそれらを比べてみよう。

【指導例その1】 えっへん。これから連立方程式を学びます。a, b, c, d, e, f を定数、すなわち固定した数値とします。さらに、便宜上、$ab - bc \neq 0$ とします。次の2つの式①、②を見て下さい。それら両方を満たす x と y を解くことが目的です。

$$\begin{cases} ax + by = e & \cdots\cdots ① \\ cx + dy = f & \cdots\cdots ② \end{cases}$$

①の両辺を c 倍した式を③とし、②の両辺を a 倍した式を④とし、④から③を辺々引いたものを⑤とします。

$$acx + bcy = ce \quad \cdots\cdots ③$$

$$acx + ady = af \quad \cdots\cdots ④$$

$$(ad - bc)y = af - ce \quad \cdots\cdots ⑤$$

から、

$$y = \frac{af - ce}{ad - bc}$$

を得ます。同様に、①の両辺を d 倍した式から②の両辺を b 倍した式を辺々引いた式から、

$$x = \frac{de - bf}{ad - bc}$$

を得ます。以上です。これから連立方程式の応用に入りましょう。

【指導例その2】 △と□がわからない数として、次の2つの式両方が成り立つ△と□の数字を見つける問題を考えてみようね。

$$\begin{cases} 2 \times \triangle + \square = 13 \\ \triangle - \square = 5 \end{cases}$$

数学では算数のように△とか□はあまり使わないで、その代わりに x とか y をそれぞれ使うんだよ。すると、

$$2 \times \triangle = 2 \times x$$

となるけど、$2 \times x$ となるのを $2x$ と省略して書くことが普通なんだ。そうすると最初の式は次のようになるね。

$$\begin{cases} 2x + y = 13 & \cdots\cdots ① \\ x - y = 5 & \cdots\cdots ② \end{cases}$$

①は「＝」の左辺（左側）と右辺（右側）が同じで、②も「＝」の左辺と右辺が同じでしょ。同じもの同士を足しても同じだから、①と②の左辺を足したものと、①と②の右辺を足したものは同じになるでしょ。だから、

$$2x + y + x - y = 13 + 5$$

となるの、いいかな。そして、2つの x と1つの x を足すと3つの x となって、1つの y から1つの y を引くと0になるから、

$$3x = 18$$

$$x = 6$$

と x が求まる。そこで、さらに②を使うと、

$$6 - y = 5$$
$$y = 1$$

と y も求まるね。こういうように、x と y からつくった2つの式から x と y の値を見つけることを、「x と y の連立方程式を解く」というんだ。さあ、同じような連立方程式をもっと練習してみようよ。

指導例その1とその2を比べていただくとわかるだろうが、特殊な具体的数値による説明が、一般化された内容の説明には欠かせないのである。これは、何も数学の指導に限ったことではない。

たとえば製造業のトップが社員に対し、「我が社は、税引後営業利益に減価償却費を加え、それから運転資金の調達高の増加額を引いた営業キャッシュフローの9割近くに減価償却費が達しており、なんとかこの数字を7割ぐらいに下げたい。皆様にはその旨をご理解していただき、それぞれの持ち場で励んでいただきたい」と訓示したとしよう。このような訓示では漠然と伝わるものの、具体的に「何をどうすればいいのか」という部分が見えてこない。そこで、全体としてその9割を7割に下げるような具体的な数値を各職場に示すことによって、全体を把握できるだけでなく、「減価償却費が〜円少なくなるような機械に替えることはできないか」、「運転資金の調達高の増加額は〜円ほど低くできないか」といった個々のプランも検討しやすくなるだろう。

ものごとを「モデル化して考える」という言葉はよく耳にす

るだろう。これは、ものごとを標準的や典型的な事例に特殊化して考えることである。新築マンションの販売ではモデルルームというものが必ずある。そこには高級調度品をふんだんに使って、やたらと豪華な雰囲気を醸し出している。冷静に考えてみると、これは「モデル」という言葉の若干誤った使い方ではあるが、その程度の営業活動は理解してあげたいものである。以下、「モデル化して考える」という表現の適切な使用法を理解できる例を2つ挙げよう。

最初は、スーパーマーケットにおける加工食品の最適な仕入れ方法を考える例である。ここでは期待値の考え方を使うので、宝くじの例を用いて期待値について少し復習しておこう。

全部で100本のくじがあり、賞金は表1のようになっているとする。このくじを1本引くときの期待値とは、1本引くときの平均の賞金額である。

表1

等級	賞金	本数
1等	10000円	1
2等	1000円	5
3等	500円	24
はずれ	0円	70

$$\text{期待値} = \frac{10000 \times 1 + 1000 \times 5 + 500 \times 24 + 0 \times 70}{100}$$
$$= 27000 \div 100 = 270(\text{円})$$

となる。上式は

$$期待値 = 10000 \times \frac{1}{100} + 1000 \times \frac{5}{100} + 500 \times \frac{24}{100} + 0 \times \frac{70}{100}$$

というように、それぞれの賞金にそれを当てる確率を掛けて、それらの合計を求めるように表されることに留意していただきたい。

スーパーマーケットで、ある加工食品を仕入れた場合、売れたときの利益は1個につき300円、売れなかったときの損失は1個につき800円であるとする。この加工食品の仕入れ個数は20個単位であり、また、お客の購入希望合計数を調査したところ表2のようになった。この商品を何個仕入れたらよいか求めるのであるが、111 ～ 130個の購入希望を120個の購入希望、131 ～ 150個の購入希望を140個の購入希望、…というように、モデル化して考えてみよう。それによって、表2を表3のように書き改めるのである。

表2

購入希望合計数	111個～130個	131個～150個	151個～170個	171個～190個	191個～210個
その確率	5 %	30 %	40 %	20 %	5 %

表3

購入希望合計数（次のいずれか）	120個	140個	160個	180個	200個
その確率（合計100 %）	5 %	30 %	40 %	20 %	5 %

表3のもとで、120個、140個、160個、180個仕入れる場合についての利益の期待値をそれぞれ求める（200個仕入れの場合については、検討しなくてもよいだろう）。

① 120個仕入れる場合：全部売れると考えて、

期待値＝ $300 \times 120 = 36000$（円）

② 140個仕入れる場合：5％の確率で120個売れて、95％の確率で140個売れると考えて、

$$\text{期待値} = (-800 \times 20 + 300 \times 120) \times \frac{5}{100} + 300 \times 140 \times \frac{95}{100}$$
$$= 40900\text{（円）}$$

③ 160個仕入れる場合：5％の確率で120個売れて、30％の確率で140個売れて、65％の確率で160個売れると考えて、

$$\text{期待値} = (-800 \times 40 + 300 \times 120) \times \frac{5}{100}$$
$$+ (-800 \times 20 + 300 \times 140) \times \frac{30}{100}$$
$$+ 300 \times 160 \times \frac{65}{100}$$
$$= 39200\text{（円）}$$

④ 180個仕入れる場合：5％の確率で120個売れて、30％の確率で140個売れて、40％の確率で160個売れて、25％の確率で180個売れると考えて、

$$\text{期待値} = (-800 \times 60 + 300 \times 120) \times \frac{5}{100}$$
$$+ (-800 \times 40 + 300 \times 140) \times \frac{30}{100}$$

$$+(-800\times20+300\times160)\times\frac{40}{100}$$

$$+300\times180\times\frac{25}{100}$$

$$=28700\ (\text{円})$$

以上から、②の場合の利益の期待値が一番大きいので、140 個仕入れればよいことになる。

次は、回帰直線の視覚的な説明である。町の人口増加や商品の売上高の推移を見てもわかるように、直線状に増えたり減ったりする現象はほとんどない。ところが科学技術計算を別にすると、人間の予測の多くは、直線状に増えたり減ったりする推移を仮定している場合がむしろ普通である。その理由は、あまり先々のことは不確定要素が多いこと、さらに当面の見通しは直近の様子を直線状に推移すると仮定することが、一般に納得しやすいことなどがある。

そこで登場するモデル化が、広く用いられている回帰直線である。これをきちんと使えるように紹介するには、5 章で取り上げた相関係数と同じく数式による定義が必要となるが（著書『新体系·高校数学の教科書(下)』参照)、図を用いて次のように説明することもできる。

xy 座標平面上にある n 個の統計データを表す点 $A_1, A_2, \cdots, A_n$ と直線 l に対し、l と A_i との y 軸（と平行な）方向の距離 d_i の 2 乗の和

$$d_1^2+d_2^2+\cdots+d_n^2$$

が最小となる l が回帰直線である（図 4 参照)。

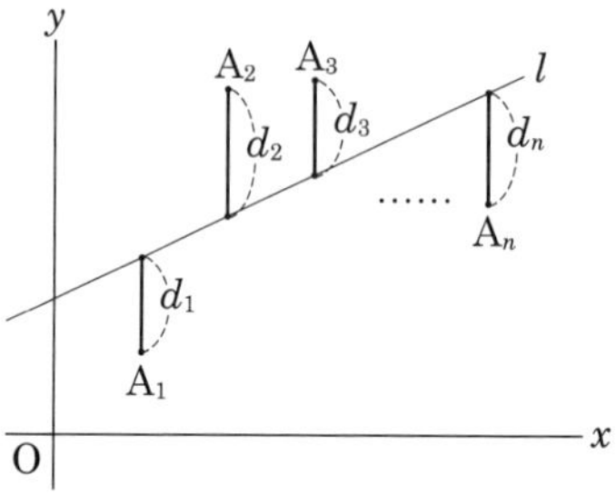

図 4

企業が商品の販売予測をするとき、x 軸を月とか年にして、y 軸を販売個数や売上高にする。そして、過去のデータを図 4 の $A_1, A_2, \cdots, A_n$ のようにとって、回帰直線を求めて数カ月後や数年後の販売予測を検討するのである。

9

類推する

類推はわれわれの思考にも、日常の会話やわれわれが下す結論や技巧めいた表現や高度の科学的業績においても、汎くみられるものである。類推はいろいろな仕方で用いられる。

(『いかにして問題をとくか』173ページ)

■

私はある著書の最初の項目で「釣り人の間では『釣りは鮒に始まり、鮒に終わる』とよくいわれる。これは、それくらい鮒釣りは釣りの基本であると同時に奥深いものだということを意味している。およそ数学の学習で、整数に関する学びは鮒釣りと似ている」と書いたことがある。これについてある科学関係の記者さんから「先生の一番魅力的なことは、主張していることが15年間ブレないこともありますが、それ以上にたとえが斬新で的確なことです」と言われたことが忘れられない。

本書の7章で一般化、8章で特殊化、9章で類推を扱っているが、これら3つについての順番は他にないと考える。以下述べる理由のように、この順番こそが上記の回答になっていると考える。

昔、秋になると諏訪湖などの大きな湖に出掛けてワカサギ釣りをよく楽しんだ。そのとき、「ワカサギ釣りのコツは竿を絶えずゆっくり上下させることだ。この動作がなくても釣れるが、やはり数は少ない。ワカサギからすれば、迫ってくるようで逃げていく紅サシや赤虫などに食欲をそそられるのだろう。これを一般化して、『押したり引いたりすることが物事に関心をもたせる秘訣』と言えないだろうか。

それを人間と猫の仲に特殊化すると次のように表現できるだろう。人間が猫に一方的に迫ってやたらに頭をなでようとしても、多くの場合あまりうまく行かない。あるときは優しく迫って、あるときは距離をおき、それらを繰り返すことによって猫の関心は高まるのではないだろうか」、と釣り糸を見ながら考えたものである。要するにワカサギ釣りのコツから人間と猫の仲が発展するポイントを「類推」したのであるが、そこには「一般化から特殊化」というステップが隠れている。

実際、私から「ニャーン」と言っては少し移動して止まることを繰り返して、何匹もの猫と仲良くなったことがある。

子供の頃、小鮒を釣って遊んでいるときにヘラ鮒釣りの奥深さを聞かされ、「最もやさしいと思われるものの中に奥深いものがある」ことを知って面白く思った。そして学生時代、数学の教授から「一番やさしいと思われる整数が一番奥深いんです」と聞かされたとき、昔、自分なりに一般化したことを思い出し、それが冒頭で紹介したことにつながったのである。

「私は人間運がなくて、いい加減な人によく騙されます」という話をたまに聞く。その都度、「そのような苦い体験を頭の中で一般化して教訓にしておけば、似ている人物が現れたときは特殊化によって怪しむだろうに」と思うのである。反対にある業種の非常に有能なスカウトと対談したとき、「自らの経験を一般化した多くの教訓をもっています。実際に採用活動するときは、その教訓をもとに判断します。力のあるスカウトは誰も同じだと思いますが、大切にしている教訓は絶対に口外なんかしません」と聞かされ、プロの世界の厳しさを感じたものである。

長いこと温めていた「類推の陰に一般化から特殊化あり」という自らの格言を本章で述べることは嬉しいことであり、以下、その視点で参考になりそうな題材をいくつか紹介しよう。

誰もが幼少の頃、シャボン玉で遊んだ思い出はあるだろう。泡はどんどん大きくなって、最後にはじける。シャボン玉ばかりでなくゴム風船でも同じであり、大きくなったところで先の尖ったもので突くと、「バン」と音を立てて破裂する。そのような現象を一般化させたイメージを多くの国民がもっていたからこそ、1980 年代後半の地価や株価が異常に高騰し、その後急落した状況を「バブル経済」、「バブル崩壊」と表現した言葉が広く定着したのである。

それらの言葉で連想するものに、「山高ければ谷深し、谷深ければ山高し」という株式相場の格言がある。また、人気アイドルグループに対して、「あのグループは下積みが長いから人気は長続きするだろう」という話もよく聞く。そのような一般化した表現を数学から説明するものに、生物学の個体数の分析から用いられるようになったロジスティック曲線あるいは修正ロジスティック曲線というものがある。携帯電話のような人気商品の普及台数の推移を説明するときにも応用されていて、前章の最後に紹介した回帰直線と比べて長期間のトレンドを予測するときに便利なものである。ここで踏み込んでそれらを説明したいのは山々であるが、それには理系進学の高校生しか学ぶことのない自然対数の底 e（= 2.7182…）の知識ほかが必要となるので諦めざるを得ない。そこで本章では、それらの大体のグラフだけを図 1 で紹介しておく。何らかの人気商品の販売で皆が強気になったとき、頭の中で図 1 を想像して、「携帯電話の普及台数の推移から類推して、ここは冷静になるのもよいのではないだろうか」と自問することもできるだろう。

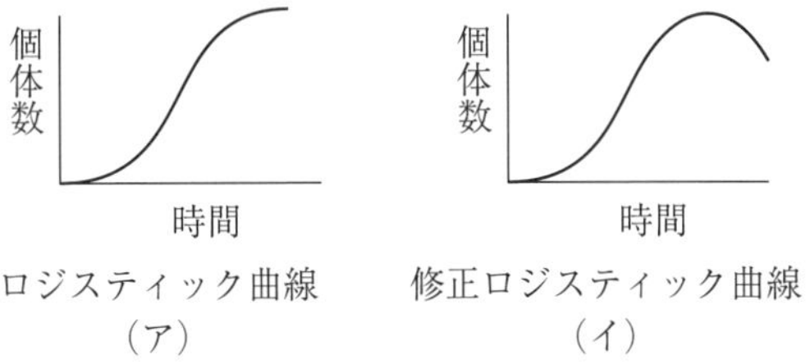

図1

重い荷物を2人で一緒にもって歩くことがある。そのとき図2において、少し離れて歩く(ア)よりも寄り添って歩く(イ)の方がお互い軽く感じる経験は、誰しもあるだろう。

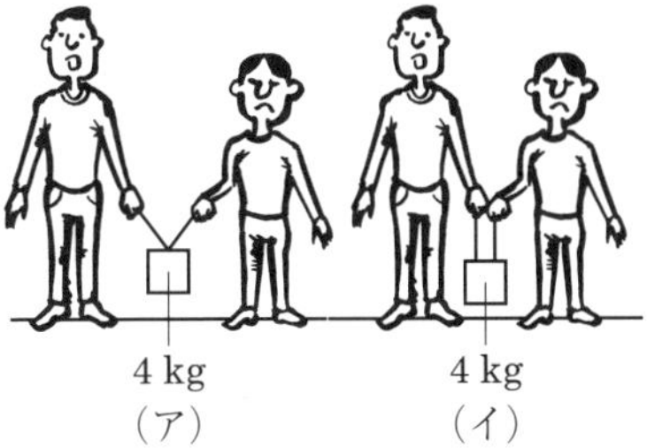

図2

荷物の重さを4 kgとしてイメージ的に図3で説明すると、（ア）は両方とも4 kg重の力で引っ張っており、（イ）では両方とも2 kg重の力で引っ張っているのである。

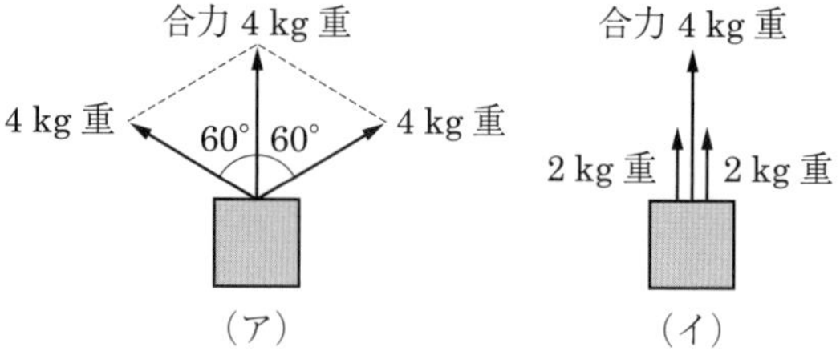

図 3

そこで、荷物を 2 人でもって歩く経験を一般化して、力の合成を表す平行四辺形を用いた図 4 を頭に入れておく。

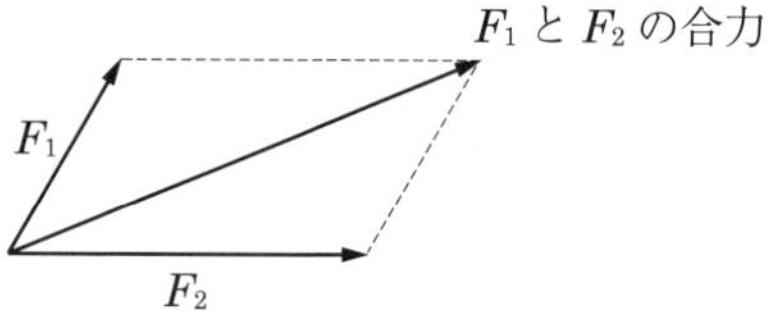

図 4

それによって、たとえば会議で劣勢な 2 人が事前に、「そうだ、ここは 2 人で荷物をもつとき寄り添って同じ方向に引っ張ると軽く感じることを類推して、同一の主張を展開してみよう。他の人たちの主張は近いけど、よく聞いてみると皆バラバラの方向なんだ。だから彼等の合力は大したことないかもね」、と互いに励まし合って局面を有利に展開することもできるだろう。

また、受験勉強に熱心にならない息子に対して母親が、「あなたは才能があるけど、試験が近づいてきているのに、なんであちこち他のことに関心をもって首を突っ込むの。昔、お姉ちゃんと一緒に重い荷物を 2 人でもったとき、寄り添って歩くと不思議と軽く感じたでしょ。その経験を類推して、今は受験に合格という方向だけに貴重な時間と体力を使って勉強しなさい。そうすれば合格するんだから」、と注意することもできるだろう。

かつて9月2日の「くじの日」に、私はテレビに出演して「ナンバーズ4宝くじ」の確率について話したことがある。このくじの「ストレート」というものは、0000から9999までの4桁の数字10000個の中からたった1つの当選数字を当てるもので、賞金は競馬のように当てた人たちで等分するのである。その確率は10000分の1であるが、事前に読んだ雑誌に「2887、7716、3533のように、重複のある数字が当選数字となることが不思議と多い」と書いてあった。そのとき暗算で次のようなことを考えたものである。

4桁の数字が全部異なる確率を求めると、1番目の数字aは0から9まで何でもよく、2番目の数字bはa以外の数字ならば何でもよく、3番目の数字cはa, b以外の数字ならば何でもよく、4番目の数字dはa, b, c以外の数字ならば何でもよい。それら全部の4桁の数字$abcd$は、$10 \times 9 \times 8 \times 7 = 5040$個ある。4桁の数字は全体で10000個あるので、4桁の数字が全部異なる確率は50.4％である。それゆえ、重複のある4桁の数字が当選番号になる確率は49.6％もあるのだ。

前後して私は当選数字と賞金額を調べた結果、次に述べる面白い特徴を発見した。重複も含めて0, 1, 2, 3, 4を3個か4個使った4桁の数字が当選数字となるときは賞金額が概して低い。反対に、5, 6, 7, 8, 9を3個か4個使った4桁の数字で、しかも重複があるものが当選数字となるときは賞金額が概して高い。とくに、0412のような日にちに関係する数字が当選数字の場合は賞金額がかなり低く、反対に7879とか5669のように、5以上の数字だけを用いて重複もある数字が当選数字の場合は賞金額がかなり高いのである。

私は上記のことを一般化して、「人間は4桁の数字を用いるとき、4以下の数字を多く用いて、5以上の数字は少なく用いる」ということを頭に入れておいた。その後に行った何回かの数百人規模の講演会で、「何らかの内緒にしたい4桁の番号を思い浮かべるとき、4以下の数字を3個か4個使う人は最初に手を挙げて、5以上の数字を3個か4個使う人は次に手を挙げて下さい。4以下の数字を2個で5以上の数字も2個使う人は手を挙げないで下さい」と言って挙手を求めると、前に手を挙げた人の方が後に手を挙げた人より明らかに多かったのである。そのとき私は、「この結果は、ナンバーズ4宝くじの当選数字と賞金額から類推できる結果です。今後皆様が用いる4桁の数字で、参考にしていただければ幸いです」と言って解説したのである。

本章で数学としての詳しい説明はとてもできないが、子どもたちの図形の感覚を育む類推の話題を親子の会話調で紹介しよう。

「縦と横の合計が2cmの長方形の中で、面積が最大になるものの形はわかるかな？」

図 5

「縦が 1.5 cm で横が 0.5 cm とすると面積は 0.75 cm^2。縦が 1 cm で横が 1 cm とすると面積は 1 cm^2。ひょっとして答えは 1 辺が 1 cm の正方形？」

「おっ、そうだよ」

「でも、どうしてそうなるか、お父さん説明してちょうだい」

「それはね。高校 1 年生の数学を勉強するとわかるんだよ。では、縦と横と高さの合計が 3 cm の直方体で、体積が最大になるものの形はわかるかな？」

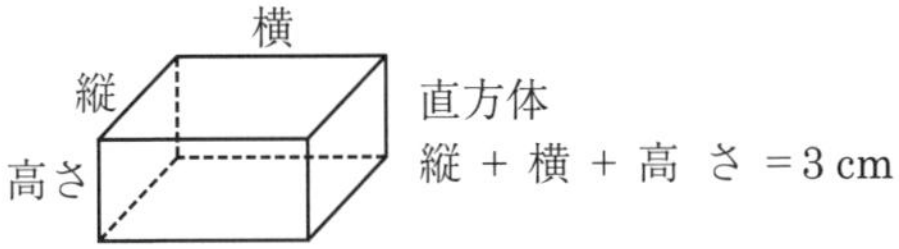

図 6

「いまの正方形の話から連想すると、答えは 1 辺が 1 cm の立方体でしょ。体積は 1 cm^3」

「おっ、そうだよ」

「でも、どうしてそうなるかの説明はやっぱり高校 1 年生の数学を勉強しなきゃわからないの？」

「それはね。もう少し難しい微分というものを学ばないと無理なんだ」

「じゃー、微分を学ぶとわかることで、もっと難しい問題ある？」

「よし、それでは難しい問題を出すよ。体積が $1\ \mathrm{cm}^3$ の直方体の中で、表面積（全部の面の面積の合計）が最小になるものの形はわかるかな？」

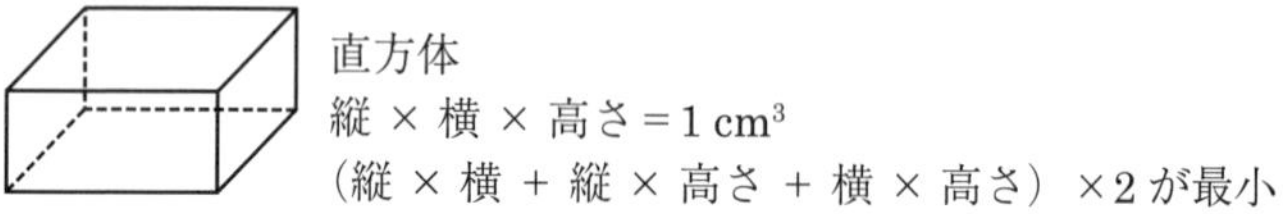

図 7

「ひょっとして答えは 1 辺が 1 cm の立方体？だって、粘土で 1 辺が 1 cm の立方体を作るでしょ。そして、おそばを作る細長い円柱形の棒でどんどん伸ばしてみるでしょ。すると、表面積はいくらでも大きくならない？」

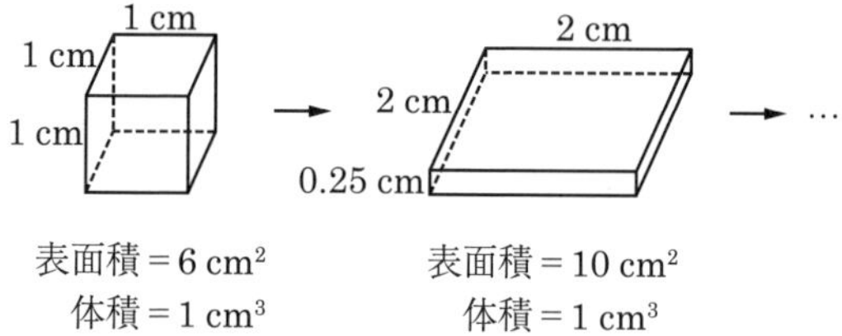

図 8

「おっ、そうだよ。ちょうど面積が $1\ \mathrm{cm}^2$ の長方形で、縦と横の合計が最小になるものの形は正方形なんだ。今のこと、それからも連想できることがわかるかな？　今日お話したような連想を『類推』とも言うんだよ。」

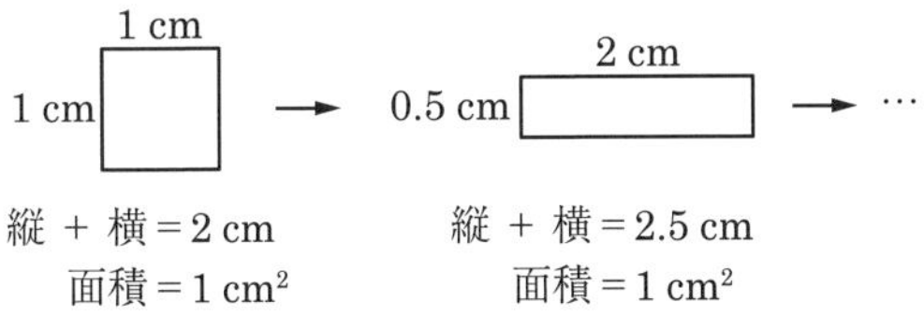

図 9

小学校の体育の授業で、クラス全員が体操するとき、お互いがぶつからないように手を水平に伸ばしてグルグル回った思い出はあるだろう（図 10 参照）。

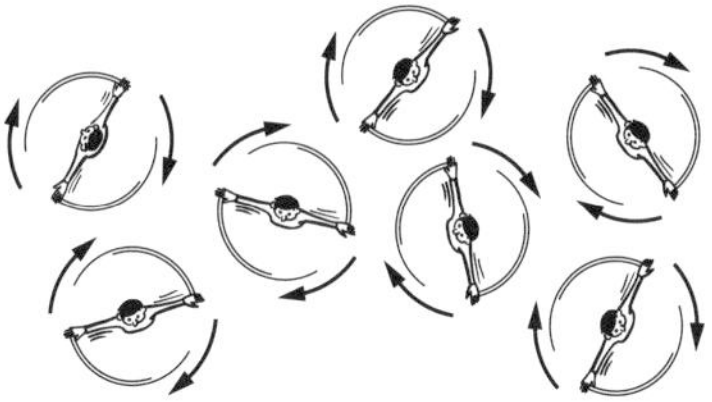

図 10

ここで、現代の情報理論で最も重要な「誤り訂正符号」の簡単な例を紹介したい。後で振り返ってみると、上の話題から類推する内容であることがわかるだろう。

符号の送受信において誤りがあることを検出するだけでなく、それを復号する、すなわち元の正しい符号に修正する能力をもつ符号を「誤り訂正符号」という。その一つの例を挙げよう。

0 または 1 から成る 7 文字をカンマとカッコを使って並べた

　　(1, 0, 0, 1, 1, 1, 0),　(0, 0, 1, 1, 1, 0, 1)

のようなものは、全部で

$$2 \times 2 \times 2 \times 2 \times 2 \times 2 \times 2 = 128$$（個）

ある。それら全体の集合（集まり）をWで表し、それらのうち、とくに以下の16個からなる集合（集まり）をCで表すことにする。

$V_1 = (0, 0, 0, 0, 0, 0, 0)$
$V_2 = (1, 1, 1, 1, 1, 1, 1)$
$V_3 = (1, 1, 1, 0, 0, 0, 0)$
$V_4 = (0, 0, 0, 1, 1, 1, 1)$
$V_5 = (1, 0, 0, 0, 0, 1, 1)$
$V_6 = (0, 1, 1, 1, 1, 0, 0)$
$V_7 = (1, 0, 0, 1, 1, 0, 0)$
$V_8 = (0, 1, 1, 0, 0, 1, 1)$
$V_9 = (0, 1, 0, 0, 1, 0, 1)$
$V_{10} = (1, 0, 1, 1, 0, 1, 0)$
$V_{11} = (0, 0, 1, 0, 1, 1, 0)$
$V_{12} = (1, 1, 0, 1, 0, 0, 1)$
$V_{13} = (0, 0, 1, 1, 0, 0, 1)$
$V_{14} = (1, 1, 0, 0, 1, 1, 0)$
$V_{15} = (0, 1, 0, 1, 0, 1, 0)$
$V_{16} = (1, 0, 1, 0, 1, 0, 1)$

いま、Cに属するV_5を送信したとする。それを受信した側は、正しくV_5を受信したならば何も問題はないが、もし1文字だけ誤って受信したとしよう。たとえば、

$U = (1, 0, 0, 1, 0, 1, 1)$

を受信したとすると、UとV_5は1文字だけ違っている。ところがUは、V_5以外のV_jとは2文字以上違っていることがわか

る。実際、U と V_1 は 4 文字違っていて、U と V_2 は 3 文字違っていて、…、U と V_{16} は 4 文字違っている。そこで、U を受信した側はそれを最寄の V_5 に復号することになる。

そのようにして確かめると、C に属するどの V_i を送信したとしても、それを受信側が 1 文字以内の誤りで受信したならば、正しく V_i に復号することができる。

なお C に関しては、「W に属するどんな 7 文字の列に対しても、それと 1 文字以内の違いしかない C に属する 7 文字の列が存在する」という特殊な性質をもっている。これは、C は全く無駄のない符号であることを意味していて、図 10 でたとえると次のようにいえる。生徒同士の手と手はぶつからない一方で、生徒同士の間には余分なスペースも全くない状態である。

C は 1 文字の修正能力をもつ符号であるが、当然、修正能力が 2 文字、3 文字、…というような符号もあり、一昔前の火星探査機でも 7 文字の修正能力をもつ符号を使っていたのである。

最後の題材は、稀に起こる事象の確率計算で用いるポアソン分布についてである。これについてきちんと説明するには、やはり前出の自然対数の底 e の知識が必須なので、本書では無理である。しかしながら、地震大国の日本で地震の発生確率を論じるときにも有効なものなので、少し触れてみたい。

かつて、生命保険について学んでいる方から「人口 2 万人の町で、1 年間の自動車事故による死亡者数が 5 人以上になる確率を求めたい。ただし、1 年間の自動車事故による死亡率は各人とも 0.011 %とする」という問い合わせがきた。そこで、このような稀に起こる現象を一般化して扱うポアソン分布(表)を使って、「その確率は 7.2 %です」と答えた。

前後して、ギャンブル依存症が社会問題となっていたこともあり、私はパチンコに詳しい方から大体のデータを聞いて次のようにモデル化して考えたのである。

「各 1 打球が大当たりになる確率を 3333 分の 1 とする。およそ 5000 球打つ間に大当たりが 4 回以上出ると収支はプラスになるので、その確率を求めよう。」

このように設問すると同時に上述の死亡確率の計算を類推して、ポアソン分布（表）を使ってその確率が 6.6 %であることがわかった。ちなみにパチンコでは 1 時間に大体 5000 球ぐらい打てるそうで、それを仮定すると、1 時間に 4 回以上大当たりを出した客が収支はプラスになるのである。

その後、読売新聞社会部の方から「交通事故死亡ゼロを目指す日」についての問い合わせがあり、2008 年 9 月 29 日朝刊の社会面に、ポアソン分布(表)を用いた計算結果の一部が載ったことを思い出す。

IT 立国となったインドの高校生は、インドが統計に強いこともあってポアソン分布を学んでいる。地震大国日本の高校生にも、是非ポアソン分布を学ばせてみたい気持ちである。

10

兆候から見通す

兆候があれば必要な箇処に努力を集中することができる。兆候は時に、われわれをまちがった方向にみちびくかもしれないが、多くの場合は正しい道を示してくれるものである。兆候を正しくよみとることには経験を必要とする。コロンブスの仲間のあるものは経験から陸に近い海はどんなであるかを知っていたから、陸が近いという兆候をよみとることができたのである。

(『いかにして問題をとくか』189 ページ)

●

私たちは日頃からさまざまなものごとに関して、何らかの兆候から未来の出来事、状況の変化、全体の特徴などを見通している。いくつかの例を挙げてみよう。

小さい地震を普段より多く感じると、「近々、大きな地震が起こるのではないか」と思うこと。家族の１人の帰宅時刻が普段より大分遅い日が続くと、「何か困った事でもあるのではないか」と思うこと。注目している株式の取引高が急に増え株価が上昇し始めると、「何か好材料でも出たのではないか」と思うこと。深夜のタクシー運転手さんから口々に売り上げの減少を嘆くことを聞かされると、「先行する街角景気は悪化し始めたのではないか」と思うこと。ネットによく団体名が出る割には団体を紹介するホームページ等が一切ないと、「あの団体は怪しい」と不気味に思うこと、等々。

上記のような例を挙げれば枚挙にいとまがないが、共通していえることは、自分自身の経験を通して数値化して捉えることができるということである。とくに経験については大切で、自分自身のホームグラウンドならば微妙な兆候でも敏感に感じとる場合もある。ちょうど患者が専門医の診療を受けたいと思うときの心境は、そのことを悟っている証であろう。

以下、人間の癖、経理上で注意すべき数字の性質、各種採用試験における作問および受験側双方のヒントになる裏技、それぞれ１つずつを関連する話題も交えて紹介しよう。

私はかつて、ゼミナール学生に手伝ってもらって725人のじゃんけんデータをとった。その記録ノートは今でも大切に保管している。

のべ11567回のじゃんけんを行って、グーが4054回、パーが3849回、チョキが3664回だった。この結果からわかるように、人間はグーが多く、チョキが少ない傾向がある（有意水準を用いた議論も可能）。それによって、じゃんけんでは「パーが有利」ということが導かれる。

そのデータに関しては、「人間は警戒心をもつと拳を握る傾向がある」、「チョキはグーやパーとくらべてつくりにくい手である」という説明もあるそうだ。

さらに、その記録ノートから次のこともわかった。続けてじゃんけんを行った手を全部調べたところ、のべ10833回のうち、同じ手を続けて出した回数は約$\frac{1}{4}$の2465回であった。これは、たとえばある人がグー、パー、パー、チョキ、グー、グー、グー、チョキ、パー、グーと10回出したとき、続けてじゃんけんを行った回数は植木算の間に相当する9回と数える。そして、そのうち同じ手を続けて出した回数は、2回と3回目、5回と6回目、6回と7回目、以上の3回と数えるのである。

もし人間はグー、チョキ、パーをどれも同じ$\frac{1}{3}$の確率で出すならば、同じ手を続けて出す回数は10833回の$\frac{1}{3}$である3611回ぐらいが妥当である。したがって、人間はじゃんけんをするとき、直前の手と違う手を出したい気持ちが強いことになる（有意水準を用いた議論も可能）。それからいえることは、「2人で行うじゃんけんであいこになったら、次はその手に負ける手を出すと有利」ということである。パーとパーであいこになったら、次はグーを出すようにである。

さて、上記の結果は既に何冊かの著作にも書き、何度かテレビに出演して話したのでこれ以上は述べない。しかし、そのデータを集めた背景についてここで初めて紹介したい。

1990年代半ばに数学教育活動を始めて間もない頃、「算数の面白さを身近な題材を通して語ることができないものだろうか」と考えた。そこで思いついたことが、「じゃんけん」、「あみだくじ」、「誕生日当てクイズ」であった。じゃんけんに関しては昔から人並み以上によく行っていて、「勝ちたい」という思いからよく観察していた。

その観察を通して、「6、7人でじゃんけんを行うとき、最初に勝負が決まるのはグーとパーの2つに分かれたときが多い」、「グー、グー、グーとかパー、パー、パーとかチョキ、チョキ、チョキのように、同じ手を3回続ける人はしばしば見るが、同じ手を4回続ける人を見るのは1年に1回あるかないかぐらいである」ということをつかんでいた。前者から一般的な傾向として結論づけたことは「人間はじゃんけんでチョキが少ない」ということで、後者から一般的な傾向として結論づけたことは「人間はじゃんけんの手を変えたがる」ということであった。自分なりのそれら2つの結論があったからこそ、90年代後半にゼミナール学生全員にノートを渡してデータを集めてもらったのである。

余談であるが、ゼミナール学生にはいろいろなデータをとってもらったことを思い出す。小学校算数教科書での四則混合計算の問題数や中学数学教科書での証明問題数が、ゆとり教育時代は昔と比べて激減したことを示すデータはインパクトがあった。

他にも、正五角形の1辺と対角線の長さである黄金比は、「美しい比である」と多くの数学的読物に書いてあるが、正方形の「1：1」やA4、B5などの紙で用いられている「1：$\sqrt{2}$」の比の方が黄金比よりはるかに多くのモノに使われていることを示すデータも思い出す。黄金比が1, 1, 2(＝1＋1), 3(＝1＋2), 5(＝2＋3), 8(＝3＋5), 13(＝5＋8), 21(＝8＋13), …というフィボナッチ数列と深く関係している（著書『新体系･高校数学の教科書(上)』参照）ことは面白いが、「美」に対する意識まで同一にすることへは疑問をもつ。

何年も前のことであるが、入試の記述式答案を採点しているとき、解けない問題の答えを全部「1」にしているものを見つけた。さらに前のことであるが、予備校のある先生は「数学マークシート試験で残り数分となったとき、手をつけていない問題に関しては、選択式ならば3番目、数値をマークするものについては全部1にマークしなさい。白紙で出すのは損です」という指導をしていた話を聞いた。

その後、北海道大学の群論分野の先生から「センター試験の数学もベンフォードの法則が当てはまっている」という連絡を受け、上記の話を納得したのであった。まずは、ベンフォードの法則を説明しよう。

1981年に天文学者ニューコムは、あらゆる10進法の数字を対象にすると、0でない先頭の数字がdである確率P(d)は

$$P(d) = \log_{10}\left(1 + \frac{1}{d}\right)$$

であることを予想した（本書では対数の知識は必要ない）。1938 年には物理学者ベンフォードがさまざまな分野から膨大なデータを集めてそれを確信し、それが「ベンフォードの法則」と名づけられた由来である。ただ、その法則が理論的にしっかり裏づけられたのは比較的最近になってからで、1990 年代のヒルによる研究である。参考までに、$d = 1, 2, 3, \cdots, 9$ に対する $P(d)$ の値（小数点第 4 位で四捨五入）を示すと表 1 になる。

表 1

d	1	2	3	4	5	6	7	8	9
$P(d)$	0.301	0.176	0.125	0.097	0.079	0.067	0.058	0.051	0.046

恐らくニューコムは、日頃から多くのデータを目にしていたからこそ、あるときピンとひらめいて、この法則の発見に至ったのだろう。

ここで、読者の皆様にもベンフォードの法則を簡単に実感できる事例を紹介する。それは、お手元にある新聞の株式欄で調べてみると、表 1 にかなり近づくことである。

もちろん、試験の得点を偏差値換算した点数だけの世界では、先頭は 4 と 5 が断トツに多くなるように、特殊な世界に限定すればベンフォードの法則は成り立つものではない。

また、この法則はあらゆる数字の 2 桁目や 3 桁目…などの分析に拡張できることも知られているが、対数 log を用いた式を多く書くことになるので、本書では扱えない。ただこの法則に配慮せずに、企業の経理で大掛かりな改竄が行われると、先頭の数字だけに注目しても疑われる可能性は高まるだろう。

今から 10 年ほど前に、1995 年から 2000 年度にかけての大学入試数学問題で答えが 2 桁になるもの合計 7175 個の先頭の数字を、当時の大学院生と一緒に調べたことがある。その結果は「ベンフォードの法則が強い形で現れている」ともいえるもので、参考までに次の表で示しておく。

表 2

最上位	1	2	3	4	5	6	7	8	9
度数	3619	1449	763	365	245	274	162	180	118
割合（%）	50.4	20.2	10.6	5.1	3.4	3.8	2.3	2.5	1.6

高い数学力を要求するある公的な機関の採用試験（対象は大卒以上）で、次の内容の問題が出題された（問題文の表現は修正）。

四角形 ABCD と DEFG は、どちらも 2 つの辺の長さが 1 と 2 の長方形で、点 G は辺 AD の中点の位置にある。いま長方形 DEFG を固定して、点 D を中心に長方形 ABCD を右にゆっくり回転させ、長方形 DEFG と重なったところで止める。このとき長方形 DEFG において、線分 AD が回転して通った部分と重ならない部分の面積を求めよ。なお、π は円周を直径で割った円周率である。

解答群：(ア) $\dfrac{6-\pi+\sqrt{3}}{3}$　　(イ) $\dfrac{6-2\pi+\sqrt{3}}{3}$

(ウ) $\dfrac{12-\pi-3\sqrt{3}}{3}$　　(エ) $\dfrac{12-2\pi-3\sqrt{3}}{6}$

(オ) $\dfrac{12-2\pi+3\sqrt{3}}{6}$

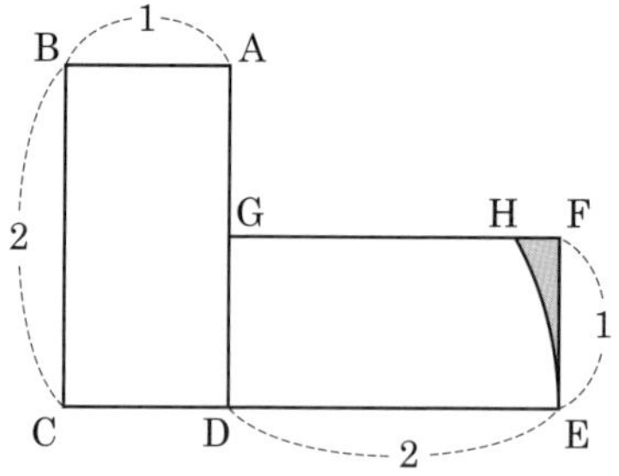

図 1

まず、長方形 DEFG の面積は 2 で、それから長方形 DEFG 内の白色部分を引けばよいことは誰でも思いつくだろう。またその白色部分は直角三角形 GDH と中心角が角 HDE の扇形を合わせたものである。そこで求める面積は、2 からその二つの面積を引くことになるが、(ア)、(イ)、(ウ)、(エ) のうちでそれらしきものは (エ) しかない。なぜならば、分子にマイナスが 2 個あるのは (ウ) と (エ) で、(ウ) は 12 ÷ 3 が 4、(エ) は 12 ÷ 6 が 2 であるからである。

上記のように考えれば、$\sqrt{3}$ を知らない小学生でも答えの (エ) は見当がつくはずである。実際、知人が勤めている有名中学の受験を目指す小学生を集めた学習塾で、π が円周率であることを伝えて解答群を生徒に見せたところ、生徒達は直ぐに「(エ) じゃない？　だって、2から直角三角形GDHとその下の扇形の面積を引くじゃない」と答えたそうである。

この問題が解答群のない記述式問題ならば、中学数学の知識で答えを導く素晴らしい問題である。ヒントとしては角HDEは30°になるので、数学の記述式問題として解いてみようと思う読者は、是非チャレンジしてみてもらいたい。

解答群というものを与えることは、シッポを見せているのである。それによって答えを見通すことも簡単になる。そのような安直な方法で答えを当てられたとしても、それによって数学力がアップするとはあまり思えない。現在は「国際化の時代」とよく言われる。そこでものをいうのはディベート力であり、これを鍛えるためには論述力をアップさせなくてはならないはずだ。

要するに、答えを「当てる」技術を高めるのではなく、答えを導く技術を高めなくてはならないのである。現在の大学入学者の約7割は、推薦入試かAO入試かマークシート試験だけの合格者であり、何らかの段階で論述力を磨く必要があると考える。

読者の皆様の中には、マークシート問題を作ったりマークシート問題を解かざるを得ない方々も少なくないかも知れない。そのとき、「理念は理念、裏技は裏技」と割り切って対応していただければ幸いである。

11

効果的な記号を使う

数学に記号が大切なことはいうまでもない。十進法をつかって計算する現代人は、そのような記法を知らなかった昔の人よりもずっと有利な立場にある。　（『いかにして問題をとくか』119ページ）

▲

算用数字を用いて「524 × 263 の掛け算」を行うと、縦書き式で計算して答えは 137812 となる。この掛け算をローマ数字で記述するならば、DXXIV と CCLXIII の掛け算を表さなければならない。ちなみに

D = 500,　XX = 20,　IV = 4,

CC = 200,　LX = 60,　III = 3

である。誰が見ても算用数字の方がはるかに便利なことがわかるだろう。

現在の道路標識で「最高速度は時速 50 km」や「駐車可」を示すものは図 1 である。

図 1

もし図 1 の標識を図 2 のように示したらどうなるだろうか。意味は運転者に伝わるものの、恐らく車は標識の前で一時停止せざるを得なくなる。

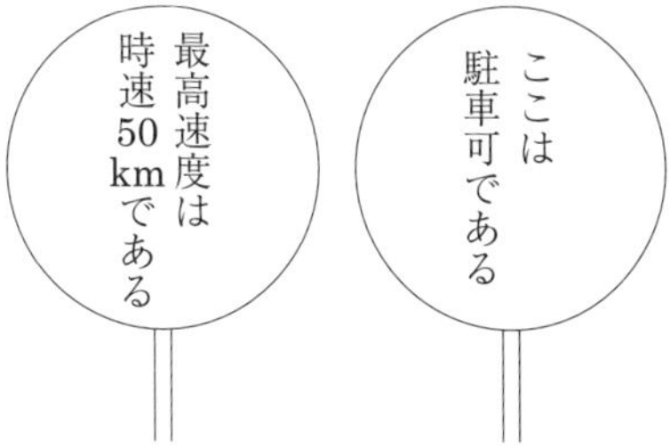
最高速度は時速50kmである
ここは駐車可である

図2

以上のことから理解していただけると思うが、記号とは何らかの言葉である。そして、曖昧でなく、覚えやすく、見やすいものでなければならない。

運転免許証をもっている読者にとっては簡単な問題かもしれないが、図3の（ア）、（イ）の道路標識の意味はご存知だろうか。

（ア）　（イ）

図3

（ア）は「安全地帯」であり、（イ）は「路面に凹凸あり」である。友人と一緒にドライブに出掛けているとき、仮にこれらの道路標識を忘れていたら、恐らく友人に「あれ、あの標識の意味は何だっけ」と質問するだろう。要するに、わからないことは質問するだけである。

私は数学教育活動を始めて既に 17 年間過ぎたが、日本人の数学嫌いはアメリカ人のそれと比べてはるかに多く、数学記号や数式を心の底から嫌っていることに注目している。1981 年に米国オハイオ州立大学 post doctoral fellow として 1 年間アメリカに滞在していたとき、私はアパートの大学生からテニスを教えてもらって、代わりに数学を教えていた。面白かったのは、わからない記号や数式が出てくると、恥ずかしがらずに何でも私に質問するので、「皆も同じように質問するのか」と聞いたところ、「日本人はわからない記号や数式を見ても黙っているのか」と逆に質問されたことが懐かしく思い出す。両者の違いの背景には、学校での 1 クラスが依然として 30 人以上の日本と、1 クラスが 20 人前後のアメリカの違いがあると考える。要するに多人数クラスの日本では、数学記号や数式がわからなくなった生徒がその意味を質問し難い雰囲気があり、そのまま授業が進むことによって悪循環に陥ると考える。

私は毎年のように全国各地の教員研修会での講演をお引き受けしているが、「勇気をもってわからない数学記号や数式を質問してきた生徒に対して、間違っても『そんなことも知らないのか』とか『もう忘れちゃったの』と言わないで下さい」と時々話している。

人々が長い年月をかけてつくってきた、「曖昧でない、覚えやすい、見やすい」の 3 つの特徴をもつ記号を、わからなくなったり忘れたりしたならば、遠慮なく質問して仕事や学習を効率的に進めたいものである。

上で述べてきたことは、記号だけの話ではなく数式でも同様にいえることである。その一例として、多くの数学嫌いの方々の標的になることが多いΣを用いた数式について、式の変形によって説明しよう。

1と1を掛けて、その結果に2と2を掛けた結果を加え、その結果に3と3を掛けた結果を加え、その結果に4と4を掛けた結果を加え、その結果に5と5を掛けた結果を加えた数

$$= 1 \times 1 + 2 \times 2 + 3 \times 3 + 4 \times 4 + 5 \times 5$$

$$= \sum_{n=1}^{5} (n \times n)$$

$$= \sum_{n=1}^{5} n^2$$

上式を見ていただくと、Σの意味を知らない人もある程度わかってもらえるのではないだろうか。Σの右にある式に、$n = 1, 2, 3, 4, 5$ をそれぞれ代入して、その和を求める意味なのである。

さて、今までに述べてきた記号の例は、日本国内で通用する道路標識や世界で通用する数学記号についてである。ここで、とくに強調して述べておきたいことは、記号は必ずしも広汎に用いられる必要がなく、たった1人でしか用いない記号があってもよいということである。ビジネスマンがお得意先回りを計画するとき、自分だけの曖昧でなく、覚えやすく、見やすい記号を作ってもよいのである。

作業日程などのスケジュールを検討するときに便利な「PERT 法」というものがある。数学的に厳密に構成するにはグラフ理論的に論議を積み上げる必要があるが、社会人がビジネスで用いる場合はそのような学びまでは必要ない。実はPERT 法に関して、私は 1990 年代の後半に便利な記号を考えて何冊かの著書・雑誌で紹介したことがある。広く使われるようになったとは思えないが、それをここで例を挙げて紹介しておこう。

表 1

作業内容	E_1	E_2	E_3	E_4	E_5	E_6	E_7	E_8	E_9	E_{10}	E_{11}
先行作業			E_1	E_2	E_3	E_3 E_4	E_5	E_5	E_6	E_7 E_8	E_9 E_{10}
作業日数	5	9	7	7	10	8	11	12	16	9	2

表 1 で示した作業工程について、PERT 法によるスケジュールの立て方を紹介する。

最初にすべての作業内容について、先行作業と作業日数をわかるように書き込んだ図 4 のような図を描く。

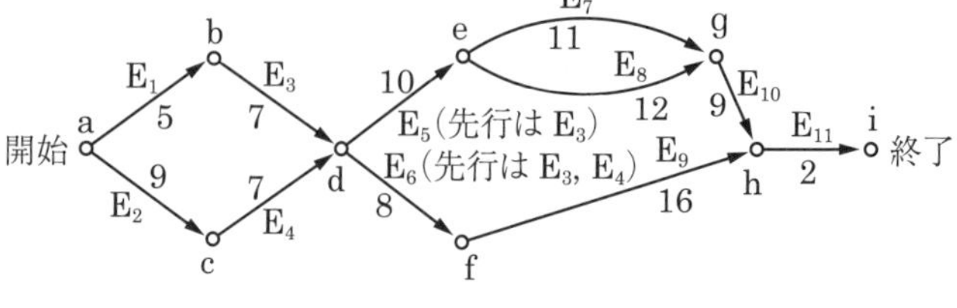

図 4

点 d の位置に注目すると、E_5 に関しては E_3 が完了すればスタートできる。しかし、E_6 については E_3 と E_4 が完了しなくてはスタートできない。また、e から g へ E_7 と E_8 の 2 つの作業が並行しているのはよい表記ではない。

それらの問題点を改善するためにダミーと呼ばれる作業日数が 0 の作業 E_{12}, E_{13} を新設して、図 5 のように改良する。

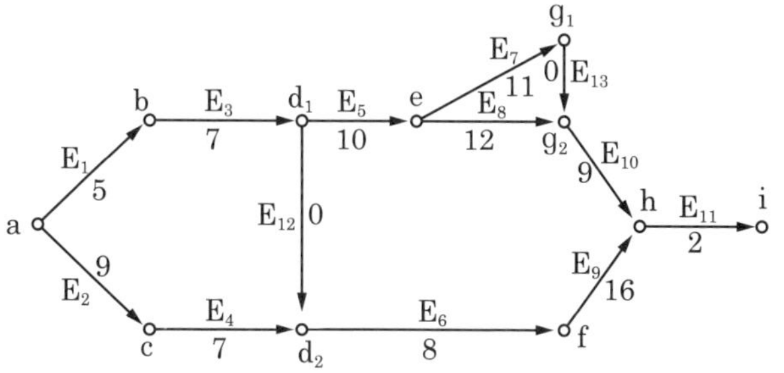

図 5

次に、点 a, b, c, d_1, d_2, e, f, g_1, g_2, h, i にある○をすべて⊖に書き直す（この記号が 90 年代後半に提示したもの）。さらに各点の⊖の中の上段に作業の開始可能日（先行作業が終っている条件のもとで、もっとも早く作業を開始できる日）を書き込む。書き込む順番は、a, b, c, d_1, d_2, e, f, g_1, g_2, h, i が便利である。

最後に、各点⊖の中の下段に作業の最終開始日（完成日を遅らせない限りにおいて、遅くとも何日間過ぎた段階で作業を開始しなければならないかという日）を書き込む。書き込む順番は、i, h, g_2, g_1, f, e, d_2, d_1, c, b, a が便利である。書き込んだ結果は図 6 のようになる。

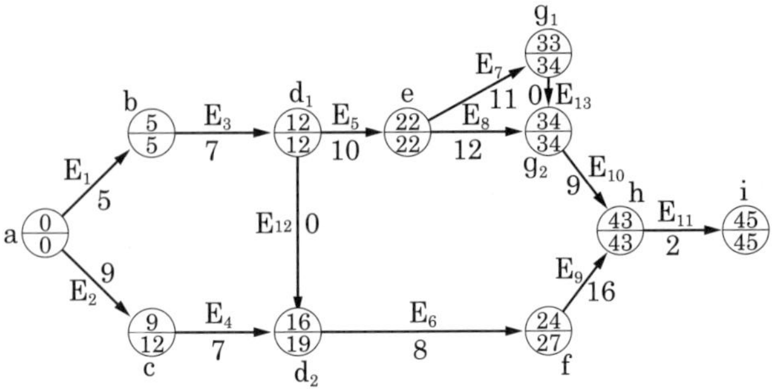

図６

図６において、$a \to b \to d_1 \to e \to g_2 \to h \to i$ という開始から終了までの流れを見ると、どの点⊖においても上段の開始可能日と下段の最終開始日は一致している。すなわち、日程的に余裕のない流れであり、このようなものを一般に「クリティカルパス」という。明らかにクリティカルパスは、スケジュールの問題で作業日程を短縮するときに検討対象になるものである。またクリティカルパスは、図６では１つしかないが、一般には１つとは限らないことに注意したい。

12

対称性を利用する

一般的な使い方では、対称ということはお互にある部分を、交換しても変りない性質をもっているとき対称とよばれる。それは交換しうる部分の数により、又交換する操作の数によってちがう。

（『いかにして問題をとくか』200 ページ）

■

はじめに、他の章の主題とその内容については読者に大きな誤解を与えるものはないと考える。しかしながら本章の主題に限っては、G. ポリアが主に考える「対称」と普通に考えるそれとは大きな違いがある。そこで、その辺りを解くことにも配慮して話を進めていきたい。

一般に対称という言葉から想像するものは、国会議事堂のような建物、あるいは京都のような街であろう。

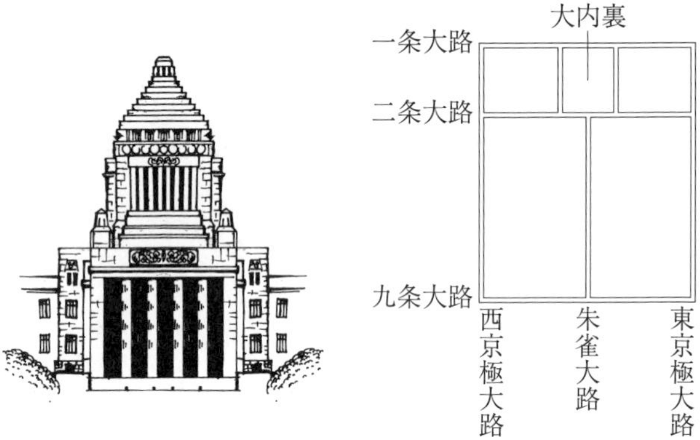

図 1

中学生ならば、図 2（ア）における点 A から点 B に至る折れ線で、直線 l 上の点を経由するもののうち最短距離となるものの求め方を想像する生徒もいるだろう（線分 AB' と l との交点 P を通る折れ線）。

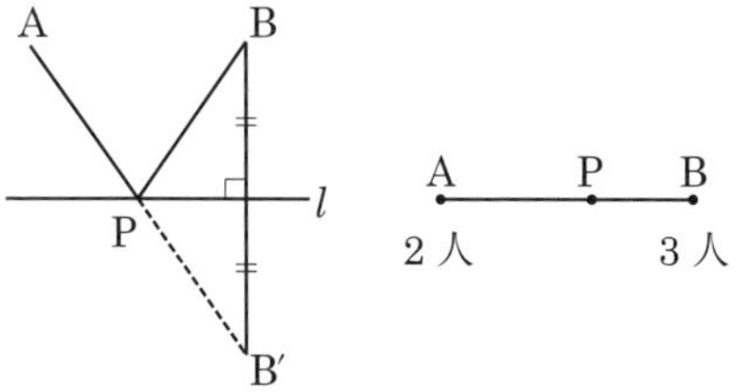

（ア）　（イ）

図2

また、図2（イ）における地点Aには2人、地点Bには3人いたとする。このとき、それら5人が一堂に会するとき、どこで会うと5人の合計移動距離が最短となるかの問題を考えてみよう。この問題をとっさに質問されると、「線分ABを3：2に内分する点？」と答えてしまう大人がいるが、答えはBである。Bの場合は、合計移動距離はAB間の距離の2倍で済むが、それ以外の地点Pの場合は、AP間の距離の2倍にPB間の距離の3倍を加えるからである。

上に挙げた例は距離の概念を含む図形的な対称の発想であるが、G. ポリアの考える「対称」という言葉はこれ以降述べるように、より一般化したものとして広く捉えられている。

パーティー会場で4人用テーブルがすべて満席となり、さらに7人がまだ座っていないことを想定しよう。このとき参加者の人数を数えるとき、どのようにするだろうか。恐らくテーブルの数を数えて、それに4を掛けて、その結果に7を足すだろう。人数を数えることに関しては、テーブル同士は同じと捉えているのである。似た考え方によってものの個数を求める例を2つ挙げよう。

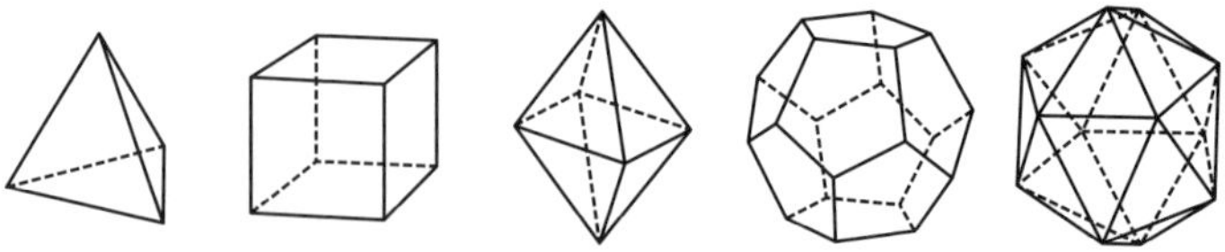

正4面体　正6面体　正8面体　正12面体　正20面体

図3

図3はすべての正多面体であるが（証明は著書『新体系·中学数学の教科書(下)』参照)、それぞれを自分自身に重ね合わすことを意味する合同な変換はいくつあるか考えてみる。ただし、全く動かさないものも1つの合同な変換と数えることにする。

正多面体のそれぞれの形をしたサイコロを用意して実際に数えてみるのも面白いだろうが、対称性を利用すると以下のように直ぐにわかる。それは、どの正多面体も、合同な変換によって頂点同士は移り合うことができる。そこで、1つの頂点を固定した合同な変換を数え、その数に頂点の個数を掛けるのである。

正4面体ならば、1つの頂点を固定した合同な変換は3つで、頂点の個数は4である。したがって、正4面体の合同な変換はそれらを掛けた12個である。正6面体（立方体）については、1つの頂点を固定した合同な変換は3つで、頂点の個数は8なので、合同な変換は24個である。同様にして、正8面体、正12面体、正20面体の合同な変換は、それぞれ24個、60個、60個である。

環境問題でよく指摘されるダイオキシンは、図4に示したジ・ベンゾ・パラ・ジ・オキシンの周りにある水素 H が塩素 Cl に 1 つ以上置き換わったものである。置き換わる塩素の数は、1, 2, 3, 4, 5, 6, 7, 8 のどれかであるが、その数が同じでも構造が異なる化合物はいろいろと考えられる。

もちろん、ひっくり返したり回転したりして一致するものは同一の化合物と考える。ダイオキシン（の異性体）は全部で何種類あるだろうか。これを求めるための化学の知識は不要で、正確に数えることだけが求められる。

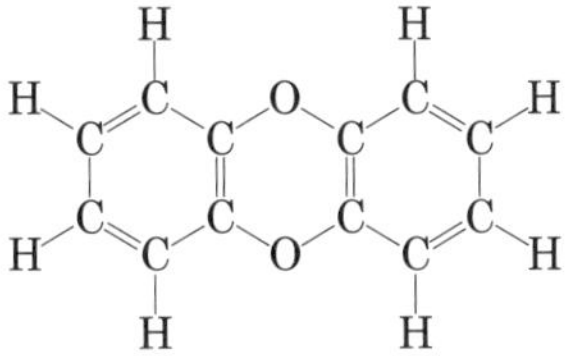

ジ・ベンゾ・パラ・ジ・オキシン

図 4

図 4 で、8 個の H をすべて Cl に置き換えるものは明らかに 1 つである。また、1 個の H を Cl に置き換えるものは、図 5 で示す 2 つだけである。

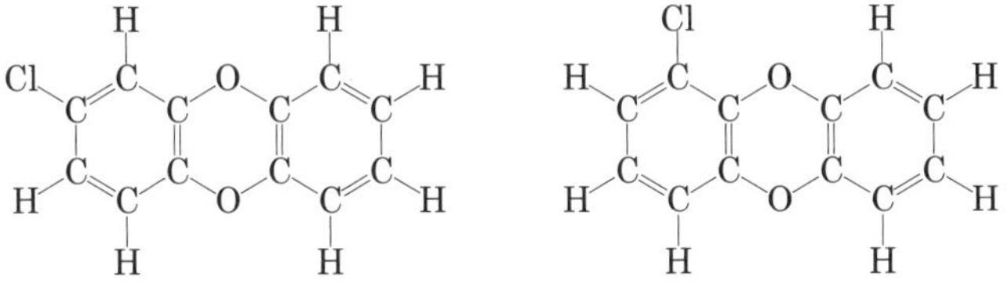

図 5

そのように数えていくことにより、ダイオキシン（の異性体）は全部で 75 種類あることがわかる。ものの個数を数える練習にもなるので、実際に対称性を考えながら数えてみると面白いだろう。参考までに、H を Cl に置き換える個数による異性体の種類の数を表にしておく。

表 1

Cl に置き換える数	1	2	3	4	5	6	7	8
異性体の種類の数	2	10	14	22	14	10	2	1

さて、ここに A, B, C, D, E, F の 6 人がいて、お互い知り合いか否かの関係で、知り合いの場合は 2 人を線で結ぶとする。いま、図 6 に示した 5 つの関係を考えてみよう。

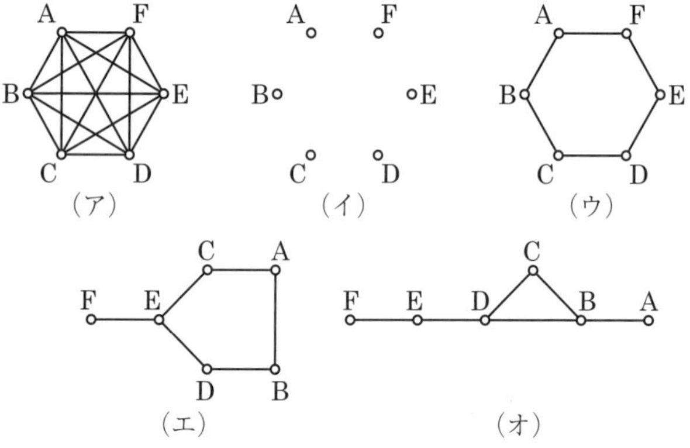

図 6

図 6 の（エ）において、A を B、B を A、C を D、D を C に置き換え、図 6 の(ウ)において、A を B、B を C、C を D、D を E、E を F、F を A に置き換えると、それぞれ図 7 の(ア)、(イ）になる。

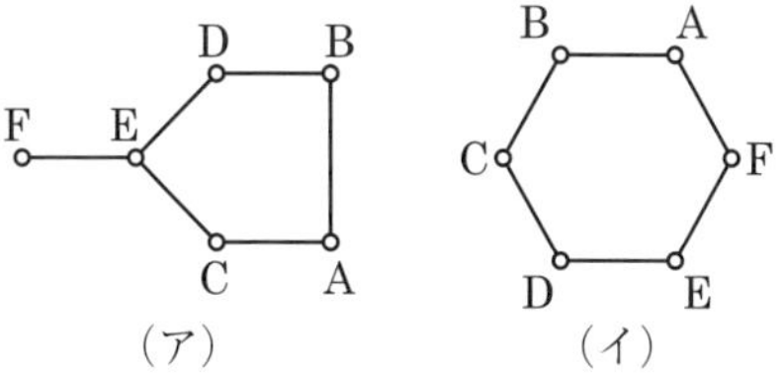

図 7

よく見ると、図 6 の（エ）と図 7 の（ア）は同じであり、図 6 の（ウ）と図 7 の（イ）も同じである。次に、図 6 の（ア）から（オ）までのすべての図について、A と B を取り替えたものを図 8 に描いてみる。

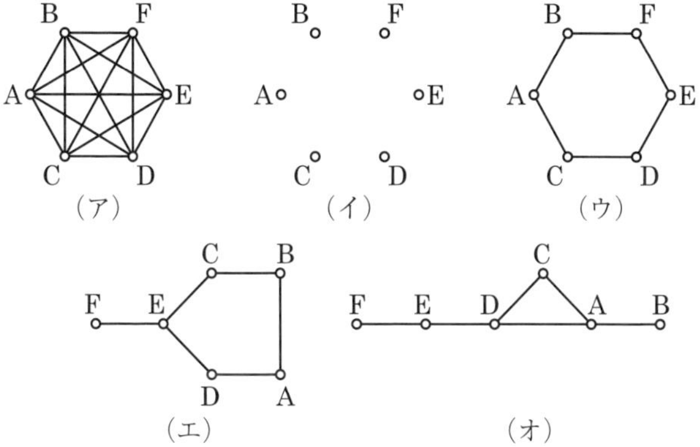

図 8

図 6 と図 8 の（ア）は、6 人全員がお互い知り合いという意味で、同じものである。図 6 と図 8 の（イ）は、6 人全員がお互い見知らぬ仲という意味で、同じものである。しかし、図 6 と図 8 の（ウ）、図 6 と図 8 の（エ）、図 6 と図 8 の（オ）は、それぞれ同じではない。たとえば、図 6 の（ウ）で A と知り

合いはBとFであるが、図8の（ウ）でAと知り合いはBとCである。また図6の（オ）については、どのように文字を置き換えても同じものにはならない。

以上のような観察から、やや直観的な表現であるが、図6の（ア）と（イ）は、対称性が強く、図6の（ウ）と（エ）は対称性が弱く、図6の（オ）は対称性が全くない、と言えるのである。本章の冒頭で紹介したG. ポリアが考える一般的な「対称」は、ここで述べている文字の置き換えによって不変となる「対称」によって理解していただけるだろう。

このような視点による「対称性」は比較言語学、あるいは統計調査の実験計画法などいろいろ応用されている。本章でそれらについて述べることはできないが、対称性の発想が広く応用できることを示す身近な例として、あみだくじ、知育ゲーム、スケジュール計画について紹介する。ここから本章最後までの理論的に詳しい内容は著書『置換群から学ぶ組合せ構造』（日本評論社）に載せてあるので、興味のある方は参照していただきたい。

あみだくじの仕組み方に関しては既に何冊もの著書、あるいは全国各地での出前授業などで話してきたが、本章の内容として最も本質的であるので、ここで改めて述べてみよう。

上段に n 人：$A_1, A_2, A_3, \cdots, A_n$、下段に1から n までの数字 $1, 2, 3, \cdots, n$ があるあみだくじについて、誰をどこにたどり着かせたいかを思うと、たどり着かせたい先の数字がすべて異なるならば、そのようにたどり着くあみだくじを仕組むことができる。

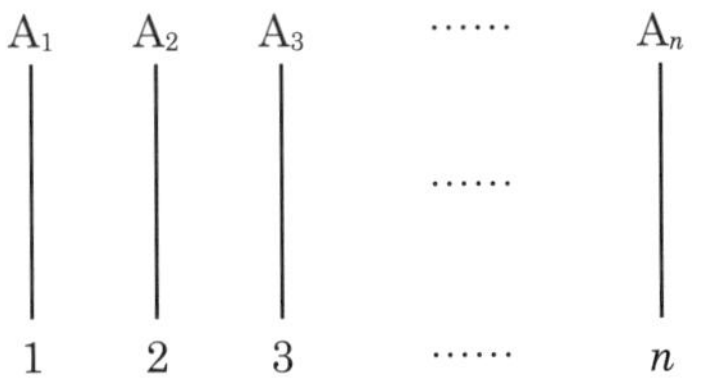

図 9

さらに、図 9 に何本かの横棒（隣同士の縦の線の間に入れる横線）を書き入れたあみだくじ（Ⅰ）とあみだくじ（Ⅱ）について $A_1, A_2, A_3, \cdots, A_n$ が辿り着く先の数字が全部一致しているならば、（Ⅰ）と（Ⅱ）の横棒の本数は偶数か奇数かは同じである。

なお、$A_1 = 1, A_2 = 2, A_3 = 3, \cdots, A_n = n$ とおくと、あみだくじは文字 $1, 2, 3, \cdots, n$ の置き換えが、どんなものでもできることを意味している。それゆえあみだくじは、最も対称性の強いものだと言えるのである。

上で述べたあみだくじの仕組み方については、1 章で触れた数学的帰納法という証明法を用いて厳密に証明することもできるが、ここでは具体例によって説明しよう。

上段に A, B, C, D, E, F の 6 人、下段に 1, 2, 3, 4, 5, 6 があるあみだくじの原形に横棒を適当に書き入れて、A は 3、B は 5、C は 1、D は 6、E は 4、F は 2 にたどり着くあみだくじを完成させよう。

まず、あみだくじの原形から縦の線を除いたものを用意して、A から 3、B から 5、C から 1、D から 6、E から 4、F から 2 に至る線をそれぞれ引く。ただし、線は曲がってもよいが、3 本以上が同一の点で交わることのないように描く。

すると図 10 のようなものを得るが、英語の X に見える各交点を英語の H のようなものに置き換える。すると図 11 を得るが、縦の線に相当するそれぞれの線をまっすぐな線に直せば、図 12 のようなあみだくじが完成する。

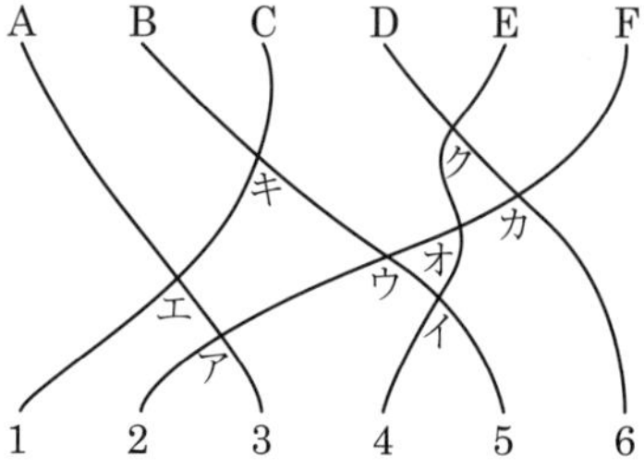

図 10

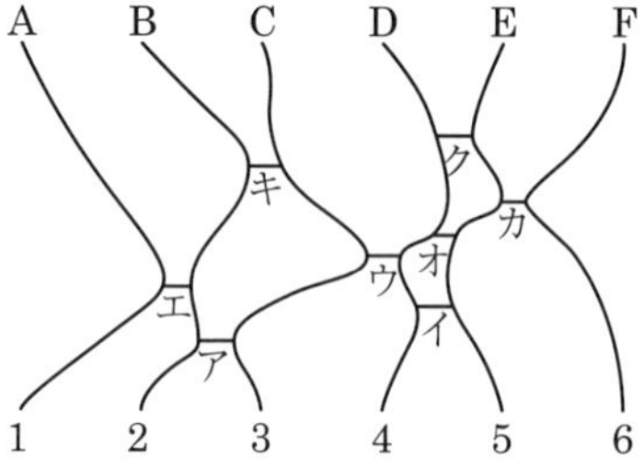

図 11

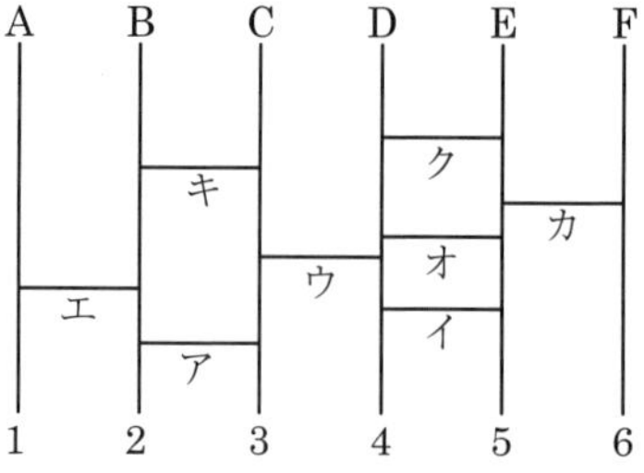

図 12

ここで、図 13 のあみだくじを見ていただきたい。このあみだくじも A は 3、B は 5、C は 1、D は 6、E は 4、F は 2 にたどり着くあみだくじで、たどり着く先に関しては図 12 のあみだくじと全く同じである。図 12 と 13 のあみだくじで違うのは横棒の本数で、前者は 8 本、後者は 14 本である。たどり着く先がこれと一致するあみだくじは、どれも横棒の本数は偶数なのである。

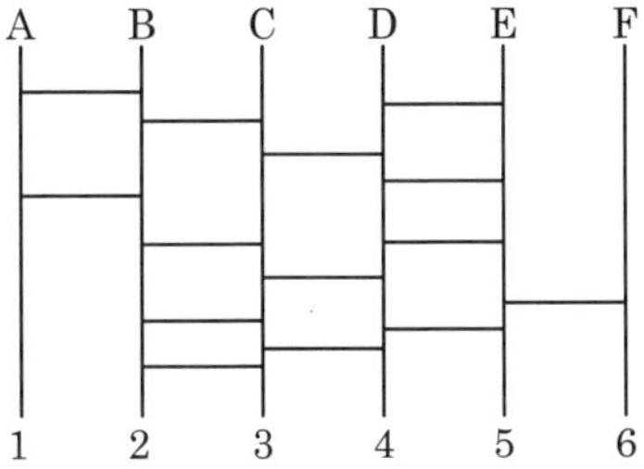

図 13

図 14 の（ア）の形をした駐車場に 14 台の車①, ②, ③, …, ⑭が入っている。正方形 1 つには、車は 1 台しか入らないとする。この条件のもとで車を上手に移動すれば、（ア）を（イ）のように置き換えることができる。

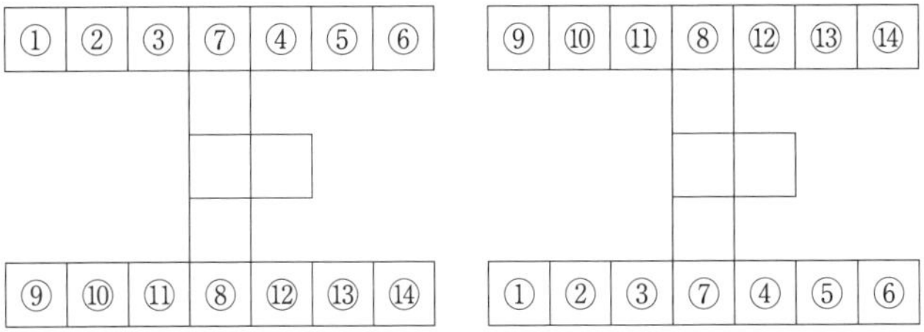

（ア）　（イ）

図 14

（ア）を（イ）のように移動することができる理由を述べよう。（ア）において中央にある 4 つの正方形を利用すれば、①と②だけの取り替え、②と③だけの取り替え、③と④だけの取り替え、…、⑬と⑭だけの取り替え、それらすべてができる。たとえば①と②だけの取り替えは、⑦, ③, ④を中央にある正方形 3 つに入れ、次に②を中央にある残り 1 つの正方形に入れ、①を元々④があった場所に移動し、②を元々①があった場所に移動し、①を元々②があった場所に移動し、④, ③, ⑦を元の場所に戻せばよい。

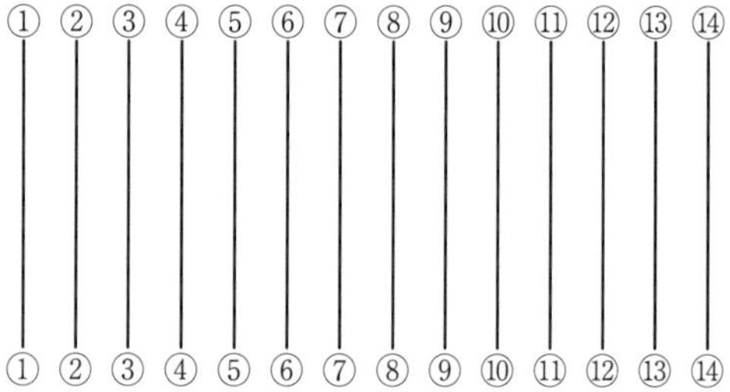

図 15

次に、図 15 のようなあみだくじの原形を考える。あみだくじに横棒を書き入れるということは、隣同士のものの取り替えをすることである。上で説明 したことによって、図 15 に横棒はどこでも自由に書き入れることができる。そこで、あみだくじの性質により 14 台の車①, ②, ③, …, ⑭は、上段と下段の駐車スペース 14 カ所にどのようにも移動させることが可能なのである。

昔、15 ゲームというものが流行ったことをご存知だろうか。今でもあるが、15 枚の小チップ $\boxed{1}$, $\boxed{2}$, $\boxed{3}$, …, $\boxed{15}$ が 4 × 4 の桝目に入っていて、空白を利用して小チップを 1 つずつ動かして、図 16 に示した標準形に移すゲームである。

1	2	3	4
5	6	7	8
9	10	11	12
13	14	15	

図 16

実は、15 ゲームは完成するものと完成しないものの 2 種類が半々ずつある。ここでその見分け方を、15 ゲームと本質的には同じ 8 ゲームで紹介しよう。

1	2	3
4	5	6
7	8	

（ア）

5	2	3
1	4	8
6	7	

（イ）

3	4	1
2	5	6
8	7	

（ウ）

図 17

図 17 の（ア）は標準形で、（イ）と（ウ）を（ア）に移したいのである。結論から先に述べると、（イ）は完成するが（ウ）は完成しない。その見分け方は、（ア）を（イ）に変えるようなあみだくじを想像する。（ア）の 1 の場所にある（イ）の数

字は5なので、1を5にたどり着かせる。同様に（ア）の2は（イ）の2、（ア）の3は（イ）の3、（ア）の4は（イ）の1、（ア）の5は（イ）の4、（ア）の6は（イ）の8、（ア）の7は（イ）の6、（ア）の8は（イ）の7、にそれぞれたどり着かせるあみだくじを考える。前述のあみだくじの仕組み方を参考にすると、次の図18のような図を描くことになる。

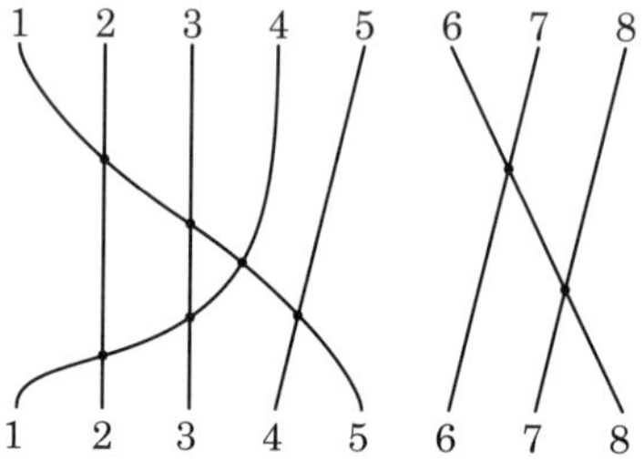

図18

同様に（ア）を（ウ）に変えるようなあみだくじを想像すると、図19のような図を描くことになる。

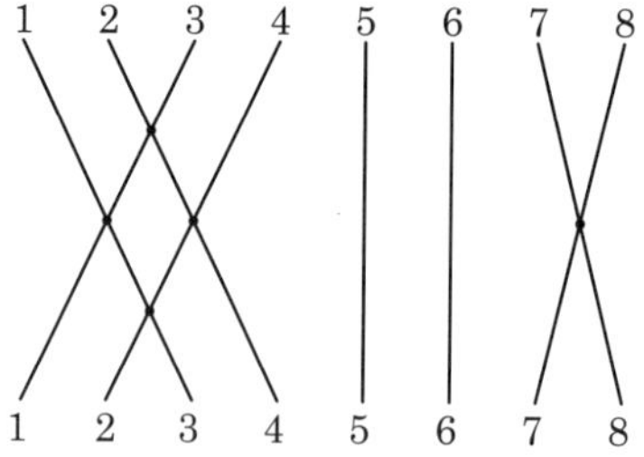

図19

実は前述の著書で詳しい証明を書いたが、交点の個数が偶数ならば完成するゲームで、交点の個数が奇数ならば完成しないゲームである。図 18 の交点の個数は 8 個であり、図 19 の交点の個数は 5 個であるので、（イ）は完成し、（ウ）は完成しないのである。

上の 8 ゲームは図 20 のように表すことができる。線の上を通って小チップ①, ②, ③, ④, ⑤, ⑥, ⑦, ⑧を移動させるゲームと考えるのである。ただし、大きな白丸の中には 1 つの小チップしか入ることができないで、線の上で小チップが止まることは認めないのである。

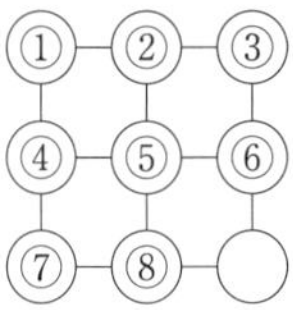

8 ゲームの標準形

図 20

図 21 の（ア）を標準形とする新しい 7 ゲームは、15 ゲームや 8 ゲームより難しくなっている。線の本数が少なくなっているからであるが、一方で①, ②, ③, ④, ⑤, ⑥, ⑦を初めにどのようにおいても標準形に移すことができるゲームである。たとえば、図 21 の（イ）をスタートとする 7 ゲームにチャレンジすると面白いだろう。紙で作った 7 ゲームにチャレンジして、3 分以内で（イ）を（ア）に移すことができれば、センスが良いと考えられる。

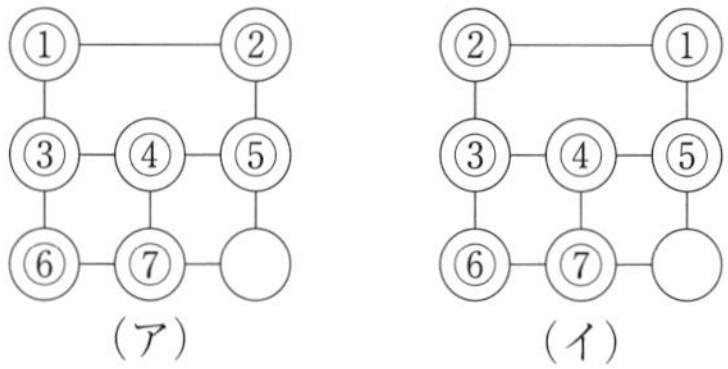

図 21

図 21 の（イ）を（ア）に移すゲームではまだ簡単だと思う読者は、図 22 の（イ）を（ア）に移す難ゲームにチャレンジしてみると面白いだろう。30 分以内に完成すれば、相当な才能があると考えられる。ちなみに図 22 の（ア）を標準形とするゲームも、①, ②, ③, ④, ⑤, ⑥, ⑦を初めにどのように置いても完成できるゲームである。

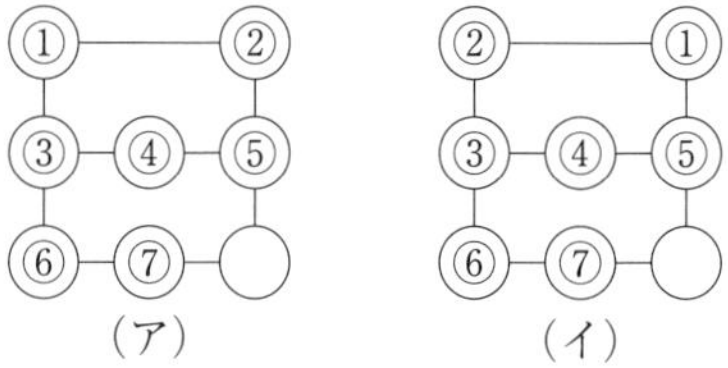

図 22

最後に述べる内容は n が 3 以上の素数、または n が素数巾(べき)（同一の素数だけをいくつか掛けた積）のときに、次の(i)、(ii)、(iii)を満たすようにして成り立つものである。n がそれ以外の場合は数学の未解決問題とも絡んで、今のところほとんどわかっていない状況である。ここでの話題はあみだくじや上で紹介したゲームなどと比べると対称性は若干弱くなるが、それでもかなり強いものといえる。その説明には置換群に関する知識が必要となるので、ここでは省略する。

（ i ）$n \times n$ 人が参加する n 人で行うゲームの大会で、大会期間は $(n+1)$ 日間である。

（ ii ）毎日、$n \times n$ 人を n 人ずつ n 個のグループに分けて、全員が毎日 1 回ずつゲームに参加する。

（ iii ）$n \times n$ 人のうちどの 2 人に対しても、その 2 人が同じグループで行うのは、$(n+1)$ 日間を通してちょうど 1 回だけである。

$n = 4$ のときは 16 人で行う 5 日間にわたる麻雀大会のようなものになるが、やや品がよくないので、ここでは 25 人で行う 6 日間にわたるナポレオン大会のようなものを想定して説明しよう。なお、ナポレオンは 5 人で行うトランプである。

まず、次の 4 つの 5×5 の表を見ていただきたい。いずれも a, b, c, d, e がすべての縦と横に、それぞれ 1 回ずつ現れている。このような性質をもつものをラテン方陣という。

表 2

U =

c	d	e	a	b
d	e	a	b	c
e	a	b	c	d
a	b	c	d	e
b	c	d	e	a

V =

d	e	a	b	c
a	b	c	d	e
c	d	e	a	b
e	a	b	c	d
b	c	d	e	a

W =

e	a	b	c	d
c	d	e	a	b
a	b	c	d	e
d	e	a	b	c
b	c	d	e	a

X =

a	b	c	d	e
e	a	b	c	d
d	e	a	b	c
c	d	e	a	b
b	c	d	e	a

ここで、U と V を重ね合わせると次のような表ができる。

表 3

cd	de	ea	ab	bc
da	eb	ac	bd	ce
ec	ad	be	ca	db
ae	ba	cb	dc	ed
bb	cc	dd	ee	aa

表 3 内の 25 個の桝目によって、a, b, c, d, e から 2 文字を重複を許して並べる 25 通りの文字列がすべて現れていることに注目していただきたい。このような性質が成り立つとき、ラテン方陣 U と V は直交するという。実は、U, V, W, X はお互い直交するラテン方陣になっている。

25 人の参加者に 1, 2, 3, …, 25 の番号を割り当てて、形式的に表 4 のように待機してもらう。

表 4

1	2	3	4	5
6	7	8	9	10
11	12	13	14	15
16	17	18	19	20
21	22	23	24	25

そして、1 日目から 6 日目までの対戦グループ分けを次のように定める。

1 日目：

{Uのaがある場所の番号} = {4, 8, 12, 16, 25}

{Uのbがある場所の番号} = {5, 9, 13, 17, 21}

{Uのcがある場所の番号} = {1, 10, 14, 18, 22}

{Uのdがある場所の番号} = {2, 6, 15, 19, 23}

{Uのeがある場所の番号} = {3, 7, 11, 20, 24}

2 日目：

{Vのaがある場所の番号} = {3, 6, 14, 17, 25}

{Vのbがある場所の番号} = {4, 7, 15, 18, 21}

{Vのcがある場所の番号} = {5, 8, 11, 19, 22}

{Vのdがある場所の番号} = {1, 9, 12, 20, 23}

{Vのeがある場所の番号} = {2, 10, 13, 16, 24}

3 日目：

{Wのaがある場所の番号} = {2, 9, 11, 18, 25}

{Wのbがある場所の番号} = {3, 10, 12, 19, 21}

{Wのcがある場所の番号} = {4, 6, 13, 20, 22}

{Wのdがある場所の番号} = {5, 7, 14, 16, 23}

{Wのeがある場所の番号} = {1, 8, 15, 17, 24}

4 日目：

{Xのaがある場所の番号} = {1, 7, 13, 19, 25}

{Xのbがある場所の番号} = {2, 8, 14, 20, 21}

{Xのcがある場所の番号} = {3, 9, 15, 16, 22}

{Xのdがある場所の番号} = {4, 10, 11, 17, 23}

{Xのeがある場所の番号} = {5, 6, 12, 18, 24}

5日目：

{1, 2, 3, 4, 5}
{6, 7, 8, 9, 10}
{11, 12, 13, 14, 15}
{16, 17, 18, 19, 20}
{21, 22, 23, 24, 25}

6日目：

{1, 6, 11, 16, 21}
{2, 7, 12, 17, 22}
{3, 8, 13, 18, 23}
{4, 9, 14, 19, 24}
{5, 10, 15, 20, 25}

上記のように25人のナポレオン大会を計画することによって、$n = 5$として（i），（ii），（iii）を満たすことはやさしく確かめられるだろう。もちろん、これは単にゲーム大会だけでなく、公平な人員配置などにも適用できるものである。

最後に、やや専門的な表現で補足させていただきたいことがある。数学のレベルの観点からは読み飛ばしていただいても構わないことであるが、私とG. ポリアを結ぶ「組合せ論」に出てくる重大な未解決問題でもあり、チャレンジ精神をもった若い人たちの目に触れることも期待して、例外的に書かせていただく。

上では$n = 5$として例示したが、一般にn文字で構成するサイズ$n \times n$のラテン方陣が$n - 1$個あって、それらがお互いに直交するとき、(i), (ii), (iii) を満たす計画を$n = 5$の場合と同様にしてつくれる。ところが現在のところ、そのようなnは3以上の素数または素数巾のときだけしか見つかっていないのである。

13

見直しの勧め

一度つまづいたところでは同じ条件の下では又同じところでもう一度つまづくことがありがちである。どうしても、もう一度議論を一歩ずつたしかめなければならないような時には、少くとも験証の順序をかえてみることがのぞましい。

（『いかにして問題をとくか』105 ページ）

●

常連として通っているレストランの汚れは意外と気づかないことが多いが、初めて入ったり久しぶりに訪れたレストランの汚れはよく気づくものである。前者は慣れもあって周囲をキョロキョロ見渡すことも少なく、反対に後者は緊張して周囲をキョロキョロ見渡すことが多くなるからだろう。

よく雑誌などに2枚の絵があって、「左右の絵には違いが5カ所あります。それを見つけて下さい」という問題がある。5カ所という具体的な数字まで挙げられていても、意外と全部は見つけられないものである。その設問が「左右の絵には違う点があるかも知れません。もしあれば、それをすべて指摘して下さい」というようになると、問題の難易度は格段とアップする。

実は学生のレポートに限らず、ビジネスでの企画や設計などの文書を完成させた直後、頭の中はどのようになっているのだろうか。思考回路はレストランでの慣れのような状態で、それから直ぐに脱することは難しいのである。また、自分としては「ミスは無し」と思って完成させたものに対して、直ぐに疑う気持ちにはなれないだろう。

したがって、完成させた文書を見直す場合、少し時間を置いて慣れた思考回路を一旦切って、一から組み立てるようにすること、さらに、「この文書には間違いが必ずある」という意識で臨むことが大切である。よく、「他人が本気でチェックして修正した文書には間違いが少ない」と言われるが、正にそれと似たような見直しが入ったと考えられる。

上で述べてきた見直しは、大学内あるいは企業内での個々の文書を想定したものである。しかし、より重要な見直しは、社会全般に影響を与えるような大きなものを対象とする見直しである。ここで留意すべき点は、そのような対象に対する見直しには必ず分担という「縦割り」が入っていることである。そこで、相手が公的機関や大企業やマスコミ関係ならば、見直しの範囲を広げることには躊躇し、「信用」してしまう傾向がある。

株式売買における大量誤発注事件を見るまでもなく、全般にわたる視点での見直しは、今後の日本社会で重要な課題になるだろう。それは、縦割り社会という古くからあったシステムの問題のほか、若い人たちが広い視点から見直すことを敬遠する傾向が強くなっている感があるからである。背景には、大学入試などで大きな問題を最初から最後まで記述式で組み立てる答案を書く機会が激減し、マークシート式の細切れ問題の答えを当てる機会が増えたこともある。

そこで私は「ゆとり教育」の開始前後から、学生諸君に「教科書に書いてあるから、新聞に書いてあるから、テレビで放送していたから、という理由で何もかも信用するのではなく、なるべく自分の頭で一から組み立てるようにするとよい。もし何か疑問点や間違っていると思うことがあれば、堂々と実名で質問すればよい。それは、こそこそ匿名で誹謗中傷することとは全く違い、ときには社会を震撼させるような大事件を未然に防ぐことにもつながるかも知れない」と言うことを心掛けるようになった。

当然のように学生からは、何らかの手本を示すような要望も寄せられるようになった。そのような背景もあって、さまざまな問題を自分自身で一から考える生活を心掛けると、意外と発信すべきと考える「間違い」が見つかるものである。以下、そのようなもののうち思い出に残る3点を紹介しよう。

既に修正されたので今は全く問題ないが、算数のある教科書の計算規則を紹介する部分で、「カッコを優先」や「×÷は＋－より優先」はあったが、「計算は左から行うことが原則」という念を押す記述が抜けていた。それを発見し、速やかにそれを加えることを2007年に提案した。

2006年に、「平成の景気拡大は昭和のいざなぎ景気を超えた」との報道が相次いだ。そのとき、「いざなぎ景気は4年9カ月にわたって続き、その間に（実質で）67.8％成長した」までは同一であったが、新聞やテレビのコメントで「その間の年平均成長率は14.3％」というものもあれば、「その間の年平均成長率は11.5％」というものもあった。これについてはその後出版した著書等で指摘したが、相乗平均(掛け算での平均)で考えた11.5％が正解で、相加平均（足し算での平均）で考えた14.3％は間違いである。後者は、4年9カ月は4.75年なので、

$$67.8 \div 4.75 = 14.27\cdots$$

と計算したのであろう。

正解を説明すると、四半期すなわち3カ月ごとの単位で考えることにすると、4年9カ月は3カ月が、

$$4 \times 4 + 3 = 19\ (\text{個})$$

であることになる。1.0276 を 19 回掛け合わせた 1.0276 の 19 乗は約 1.677 になるので、4 年 9 カ月で 67.8 %成長したいざなぎ景気の 3 カ月単位の平均成長率は、約 2.76 %になる。そして、

1.0276 の 4 乗＝ 1.115…

となるので、いざなぎ景気の年平均成長率は約 11.5 %が正しいのである。

2011 年の夏、「アイドルグループ AKB48 の 2011 年じゃんけんトーナメント大会は 71 名が参加で、上位 8 人の 8 連単を当てる確率は 1 兆 5427 億 9448 万 640 分の 1」という雑誌やスポーツ新聞での記事、あるいはテレビでの報道があった。それを見た瞬間に、「これは怪しい！」とピンと来たのである。

AKB48 の活動には、NHK 教育テレビ（現 E テレ）に一緒に出演したこともあって好意的に思っていたが、一方で報道の誤りを訂正することは、「数学教育の生きた教材として意義がある」と考え、以下指摘する誤りの本質を新聞や週刊誌などに書いた。とくに、「数学の学習で大切なことは、誤りを正すこ

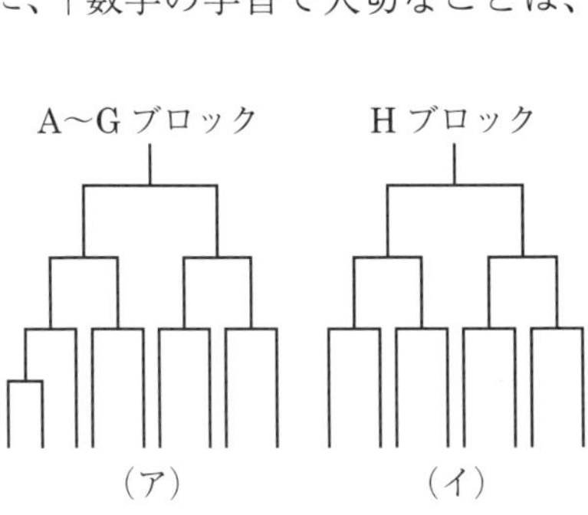

図 1

とであり、それによって学力はアップする」ということを伝えたかった背景があった。

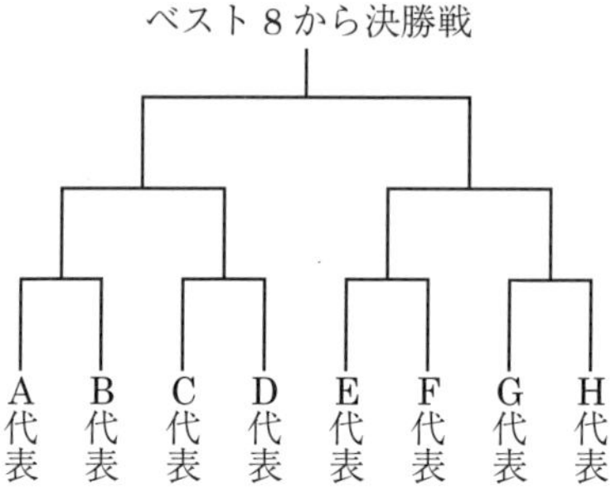

図2

以下、誤りを指摘し、それを正してみよう。まず、Aブロックから H ブロックまでのブロック代表全員がベスト8になるので、すべてのブロックの代表者を当てなくてはならない。Aから G ブロックの左隅の2人になってしまったメンバー2人は、4回勝たなくてはブロック代表になれないので、その勝率は16分の1である。それ以外の人たちは3回勝てばブロック代表になれるので、その確率は8分の1である。

したがって、AブロックからGブロックまでは左隅の2人からメンバーを選び、Hブロックは適当に選んで、AからHまでのブロック代表全員を当てる確率は、

16 × 16 × 16 × 16 × 16 × 16 × 16 × 8分の1

= 21億4748万3648分の1　……①

である。また、AブロックからHブロックまで3回勝てばブロック代表になれる者を1人ずつ選んで、AからHまでのブロック代表全員を当てる確率は、

8 × 8 × 8 × 8 × 8 × 8 × 8 × 8 分の 1

= 1677 万 7216 分の 1　……②

である。

ちなみにマスコミ報道では、A から G までの各ブロック代表を当てる確率はどれも 9 分の 1 と誤ったために、A から H までのブロック代表全員を当てる確率を、

9 × 9 × 9 × 9 × 9 × 9 × 9 × 8 分の 1

= 3826 万 3752 分の 1

と計算した（末尾の 2 を 3 と書き間違えもした)。

次に、ベスト 8 から決勝戦までは図 2 の通りであり、それは合計 7 試合ある。それ以外に 3 位・4 位決定戦で 1 試合あり、5 位～ 8 位決定戦で 4 試合あるので、ベスト 8 から 1 位～ 8 位の全員を決めるまでに全部で 12 試合あることになる。それら 12 試合のそれぞれは 2 通りの結果があるので、ベスト 8 から 1 位～ 8 位の全員に順位を付けて当てる確率は、

[2 を 12 回掛け合わせた 2 の 12 乗］分の 1

= 4096 分の 1　……③

である。なお 5 位～ 8 位決定戦の初戦は図 2 の枠を順守し、A 代表から D 代表のうちで 1 試合、E 代表から H 代表のうちで 1 試合を行う。

ちなみにマスコミ報道では、③の部分を

8 × 7 × 6 × 5 × 4 × 3 × 2 × 1 分の 1

= 4 万 320 分の 1

と計算した。これは、A 代表から H 代表までの可能な並べ方全部の数であり、たとえば A 代表が優勝で B 代表が 2 位のような、あり得ない場合も含めているのである。

結論として、上位８人の８連単を当てる確率は、①と③の積以上、②と③の積以下であり、

８兆 7960 億 9302 万 2208 分 の１以 上、687 億 1947 万 6736 分の１以下となる。

さて、数学の見直しで誰でも思いつくことに、「方程式の答えを出したら、それを方程式に代入して、合っているかどうかを確かめる」というものがある。もちろん、これは大切なことであるが、社会人に対してとくに勧めたいことは「概算」である。最近、重要な記者会見などで発表した数値が後から「桁が違っていた」という修正報道をよく聞く。それだけに、およその「概算」の練習はとても重要だと考える。概算によって桁の感覚をつかめば、大きなミスには至らないのである。

本章の最後として一言述べたい。それは「ミス０」を目指すことは素晴らしいが、「万が一、ミスが起こったらどうするか」という対策が、日本は欧米と比べて多くの分野で遅れているような気がしてならない。重大な事故が起こる確率を０に近づける努力は立派であるが、同時に、万が一の場合の対策にも今後はもっと目を向ける必要があると考える。

• あとがき •

本書の出版の前後をはさんで高さ634 mの東京スカイツリーが完成し、開業する。それと比較される1958年に完成した高さ333 mの東京タワーは、日本の高度経済成長期を見守ってくれたシンボルである。日本は地震大国でもあるが、土木・建築技術は世界的に非常に高く評価されており、東京タワーや東京スカイツリーはその結晶であろう。

ほかにも他国では真似できない繊細な技術など、技術立国日本の誇りとするものは数多くある。私事ではあるが、戦前・戦後と日本の外交に従事し外務大臣も歴任した祖父の芳澤謙吉が残したもので、今も大切にもっているものはたった1枚の皿である。それには日本について「工業立国」とだけ書かれている。幼少の頃から毎日その皿を見ていた私は、「大した資源のない日本は、人材を豊かにすることによって技術立国として世界に貢献するのが歩む道だ」、と一貫して思い続けている。

戦後から高度経済成長期までの力強い復興の背景を考えると、高いレベルの数学教育があった。明治維新を成し遂げた多くの優れた人材を輩出した松下村塾を主催した吉田松陰は、弟子の品川弥二郎が松陰の言葉として後に語ったものとして「算術は此頃《このごろ》武家の風習として、一般に士たる者は、かくのごときことは心得るに及ばずとて卑しみたるものなりしに、先生は大切なる事とせられ…。先生は此算術に就ては、士農工商の別なく、世間のこと算盤珠《そろばんだま》をはづれたるものはなし、と常に戒しめられたり」という言葉を残している。一言で述べると、「数学的なものの見方はどのような立場の人たちにとっても大切である」という教えであり、これは明治以降の教育にも受け継がれ、戦後の復興に大きく寄与したのである。

実際、尋常小学校から戦時中の国民学校を経て「ゆとり教育」直前の学習指導要領下での教科書まで、たとえば算数では3桁同士の掛け算をしっかり学習させていた。その種の掛け算の教科書における問題数は、高度経済成長期が終わって間もない1977年の学習指導要領以降減少に転じ、「ゆとり教育」の学習指導要領では1章で述べたように、2桁同士の掛け算を教えることに留めた。ちなみに手元にある戦時中の国民学校「初等科算数六」には、「7.61 × 853.7」を筆算させる問題などがたくさんある。他にも計算では、＋－×÷などの四則混合計算の規則を理解させる例題や問題の数は、戦後の一時混乱期を除くと、尋常小学校から1968年の学習指導要領改訂時の教科書まで、「ゆとり教育」下のそれよりはるかに多くあった。

ここで教科書の充実と表裏一体の関係にある授業時間数を見てみよう。戦後の一時混乱期以降は、1977年の学習指導要領の改訂が実施された1980年より前まで、小学校算数の全学年合計時間数は1047時間あり、中学校数学の全学年合計時間数は420時間あった。それらは改訂の度に減少し、2002年から実施の「ゆとり教育」下では算数が869時間、中学数学が315時間となり、国際的に見ても非常に少ない時間数となった。これでは技術立国日本の将来に赤信号が点滅することは必至で、さすがに直近の学習指導要領で若干見直されてきた。それでも、高度経済成長期の頃までと比べると、現在の算数や数学の教科書は見劣りする。それは上述の計算問題よりも、むしろ図形などの証明問題の質と量で顕著である。

証明問題はどのような面でとくに有効なのかを考えてみよう。証明問題を解くための前半では、仮定から結論を導き出すための道筋を探し出すために補助線を引いたりして、いろいろと試行錯誤して考える。やり方を覚えてまねるだけでは得られない価値あるものを創造するためには、それによって育まれたねばり強い努力が必要不可欠である。ポリアの『いかにして問題をとくか』の 12 ページには次の文がある。この文こそが、私が長年にわたって「試行錯誤」を訴えてきた原点である。

「問題を理解してから計画をたてるまでの道程は長くて苦難にみちたものであろう。問題を解くことの大部分はどんな計画をたてたらよいかということを考えつくことにあるといってよい。そのような考えは少しずつでき上って行くものである。しかし時には幾度もやり直したり迷ったりした揚句にたちまち素晴しい思いつきが浮んでくることもある。」

証明問題を解くための後半では、論理的に構成した文を一から全文を記述することになる。当然、そこにおいては水を漏らさぬ組立てが必要で、できるだけ他人の立場に立って客観的に書くことになる。これは計算機の回路や高度なソフトウェアの設計などで役立つことは当然であるが、「国際化」にとっても大切なのである。なぜならば、相異なる環境で育った人たちが自らの立場とそこから導かれる結論を明らかにし、異なる立場の人たちとの間で共通の認識をもてるように努力することがその本質だからである。

現在の日本の証明教育は、全文を書かせることよりも、「三角形」や「平行」などの単語を入れさせる空所補充式が主である。これは「日本の常識は世界の非常識」の一つになりつつあり、「最近の若者は論理的にものごとを考える力が弱くなった」とよく言われる原因だと考える。東京タワーや東京スカイツリーを基礎工事から始めて最上部にあるクレーンによる最後の設置まで、大河が滔々《とうとう》と流れるようにしっかり作業されたことは日本人としての誇りでもある。しかし、空所補充式で証明文を完成させることは、継ぎ接ぎの欠陥だらけの建築物を建てることと同じではないだろうか。幸いポリアの時代には、そのような変な証明教育はなかったと思うが、もしポリアがそれを見学したらどのように思うかを想像したことがある。

私が、戦後の高校数学の内容をすべて含み、前後の論理的なつながりを大切にして、生きた題材を随所に盛り込んだ『新体系・高校数学の教科書(上・下)』を執筆した理由は正にそこにあった。「高校数学を大河が滔々と流れるように説明してみたい」という思いを実現させたものである。現在、高校数学は数学Ⅰ、Ⅱ、Ⅲ、A、B、Cと6つに分かれているが、このような縦割りは、相互にまたがる題材が扱い難いのでマイナスである。本書が出版される直前に出した『新体系・中学数学の教科書(上・下)』も同様な趣旨をもって、中学数学の図形編と数量編の垣根をまたぐように書いた。

実は、上記の4冊と本書を登山にたとえると、私の数学教育活動の主峰に位置づけることができる。長く続いた山脈の縦走も、日常の生活やビジネスとポリアの発見的教授法の世界との「橋渡し」と考える本書の完成をもって一区切りとしたい。今は、日本の教育にポリアの考え方が広く浸透することを祈りつつ、縦走最後の山頂から素晴らしい夕陽を見ている心境である。一旦は下山してから、17 年間大切にしてきた全国の教員研修会での講演や、全国の小・中・高校での出前授業、あるいはワンテーマに絞った書の執筆なども続けていきたい。

教員研修会での前後 1 年間の講演だけでも、2011 年 7 月の北の教育文化フェスティバル（札幌）、8 月の日本数学教育学会全国大会（中学、高校）、11 月の近畿算数・数学教育研究大会、12 月の大阪私立中学高校数学教育研究会、2012 年 6 月の熊本県数学教育会高校部会、8 月の日本私立小学校連合会、11 月の中国・四国算数・数学教育研究大会、等々での招待講演があり、新たな気持ちで気を引き締めて臨むつもりである。

もちろん、忘れてはならないのは本務校での授業である。現在私は、専門的な代数学や離散数学、数学の教職関連のすべての科目、リベラルアーツの視点からの数学科目などを担当している。そこで大切にしている精神は『いかにして問題をとくか』の「リスト」で、学力差の大きい数学の授業を落ち着いて楽しく展開するための柱にしている。「リスト」はその書の表紙裏（見返し）右側にある箇条書きのことで、その書の「序説」にも但し書きとして説明されている。ポリアの書を読み進める上で、もっとも重要なキーワードと考えている。

私は、いわゆるビデオ教材のような一方的な授業は嫌いで、ときどき学生に問題を考えさせる時間をとる。学生にとって手も足もでない問題を出してもあまり意味はないし、一方で過剰なヒントを与えても問題がつまらないものになる。ポリアも『いかにして問題をとくか』の第 I 部でその辺りのことを真剣に語っているが、学生に「問題の解決の道順がひらめいた！」

という感激をなるべく多く味わわせてあげたい、という気持ちは同じだと思う。ここでのキーワードである「ひらめき」は、『いかにして問題をとくか』では「霊感」と訳されており（154ページ)、「霊感」を「ひらめき」に置き換えて読んでいただくとよいだろう。もちろん、それが誤訳だという気持ちは全くない。実際、フランス古典主義の画家ニコラ・プッサンの作品「L'inspiration du poète」は「詩人の霊感」と訳されている。

実は現在の本務校で、数学が苦手な学生を対象に正規の授業とは違う「就活のための算数発想授業」をボランティア的に2年間、後期の夜間に行った。学生も一切の単位認定などがなかったものの、受講態度には真に素晴らしいものがあった。のべ1000人近くの学生が履修したが、最後の感想文を見ても「算数や数学はものごとの理解を大切にして、実生活に非常に役立つことが初めて知った」、「数学は答えを当てる学問だと思っていたが、プロセスを大切にして導くものだと悟った」という内容の文が続出したのである。私は大学の教員として34年間勤めてきたが、そこでの思い出が一番嬉しいものであり、これらの感想文に励まされて本書を一気に書き切ったことは一生忘れられないと思う。

最後に、本書の完成までには丸善出版の皆様のお世話になった。とくに編集部の小林秀一郎さんには、さまざまな意見調整で難しい局面を次々と乗り越えていただいた。ここに心から感謝する次第である。

著　　者

いかにして問題をとくか・実践活用編

平成 24 年 4 月 20 日　発　　行
令和 5 年 5 月 15 日　第 3 刷発行

著作者　芳　沢　光　雄

発行者　池　田　和　博

発行所　丸善出版株式会社
〒101-0051 東京都千代田区神田神保町二丁目 17 番
編集：電話(03)3512-3264／FAX(03)3512-3272
営業：電話(03)3512-3256／FAX(03)3512-3270
https://www.maruzen-publishing.co.jp

印刷・富士美術印刷株式会社／製本・株式会社松岳社

ISBN 978-4-621-08529-5 C0041　Printed in Japan

ポリアによる問題解決４つのステップの実践

第 1 のステップ 「問題を理解すること」

問題が何であるのか（問題の定義）、何が原因になっているのか（原因の特定）を分析する。そこで考えられる原因はすべて列挙する。

第 2 のステップ 「計画をたてること」

問題の原因について、それぞれ「可能性のある解決策を列挙」して、「ベストの解決を選択する」作業を行う。解決方法には、一時的解決と永久的解決があることに留意する。

第 3 のステップ 「計画を実行すること」

計画を着実に実行に移す。「勤勉は成功の母」、「思う念力岩をも通す」という諺を信じて、弱気にならずに努力する。

第 4 のステップ 「ふり返ってみること」

解決策を実行後、問題が解決したかどうかの評価を行う。問題が解決した場合は、これで終了となる。未解決の部分が残った場合、原因の特定が正しかったのか、解決策に不備がなかったのか、などを見直す。そして再び第 2 のステップに戻り、別の解決策を考え、実行し（第 3 のステップ）、その後また評価し（第 4 のステップ）、問題が解決するまでそれを続ける。